Avin Sigurani
Curt Anderson

# O sétimo sentido: Um estudo da integração sensório-motora no tronco cerebral



O sétimo sentido: Um estudo da integração sensório-motora no tronco cerebral

Avin Sigurani
Curt Anderson

# O sétimo sentido: Um estudo da integração sensório-motora no tronco cerebral

ScienciaScripts

**Imprint**
Any brand names and product names mentioned in this book are subject to trademark, brand or patent protection and are trademarks or registered trademarks of their respective holders. The use of brand names, product names, common names, trade names, product descriptions etc. even without a particular marking in this work is in no way to be construed to mean that such names may be regarded as unrestricted in respect of trademark and brand protection legislation and could thus be used by anyone.

Cover image: www.ingimage.com

This book is a translation from the original published under ISBN 978-620-2-31409-1.

Publisher:
Sciencia Scripts
is a trademark of
Dodo Books Indian Ocean Ltd. and OmniScriptum S.R.L publishing group

120 High Road, East Finchley, London, N2 9ED, United Kingdom
Str. Armeneasca 28/1, office 1, Chisinau MD-2012, Republic of Moldova, Europe
Printed at: see last page
**ISBN: 978-620-8-01668-5**

RESUMO

O objetivo deste projeto é rastrear e descrever em detalhe útil algumas conexões sensoriais que poderão desempenhar um papel importante em diferentes áreas da neurociência. As conexões neste trabalho são fibras sensoriais dos sistemas visual e olfativo no sistema nervoso central da rã *Lithobates pipiens*. São invulgares na medida em que estão ligadas monossinapticamente a áreas motoras do tronco cerebral e da medula espinal e não a áreas que normalmente se pensa processarem estes sentidos, como o nervo ótico e os bolbos olfactivos. A razão pela qual estas ligações podem ser importantes para os investigadores de neurociências é por vezes subtil e frequentemente intrigante.

*[Este trabalho é dedicado aos meus irmãos Giando e Verti, às minhas irmãs Adia e Miral e aos meus avós Robert e Lee Leon.*
*[Gostaria de reconhecer, em particular, o brilhantismo e a criatividade deste trabalho da AS, que foi além das ideias originais e da motivação do projeto original. Gostaríamos de agradecer a ajuda e a visão intelectual de Andrew Carrol e Bryce Campbell, e especialmente o estímulo intelectual do falecido Chris Cretekos, PhD. Sentiremos muito a falta dos seus risos e discussões, nosso amigo.*

*O grande lençol superior da massa, sobre o qual quase nenhuma luz cintilava ou se movia, torna-se agora um campo cintilante de pontos que piscam ritmicamente, com comboios de faíscas errantes que correm de um lado para o outro. O cérebro desperta e com ele a mente regressa. É como se a Via Láctea entrasse numa dança cósmica. Rapidamente, a massa da cabeça torna-se um tear encantado no qual milhões de lançadeiras cintilantes tecem um padrão em dissolução, sempre um padrão significativo, embora nunca constante; uma harmonia mutável de sub-padrões.*
- Charles Sherrington [131]

Parte 1

# CAPÍTULO 1 INTRODUÇÃO

AS RÃS E OS SAPOS NAS NEUROCIÊNCIAS

1.1   OS ANFÍBIOS NA CIÊNCIA

Os anfíbios, especialmente as rãs, têm sido utilizados como organismos experimentais há mais de um século. Os anfíbios são adequados por uma série de razões. Encontram-se frequentemente disponíveis em grande número e são fáceis de manter e reproduzir em cativeiro utilizando protocolos simples. Além disso, a sua anatomia é relativamente simples em comparação com a de outros tetrápodes, o que simplifica a recolha e análise de dados. A utilização de tetrápodes como as rãs, por oposição a aves ou peixes, aumenta a probabilidade de as informações obtidas num estudo serem aplicáveis de forma mais geral a outros vertebrados terrestres, como os seres humanos.

Algumas das caraterísticas únicas dos anfíbios tornam-nos extremamente interessantes para os investigadores modernos. Muitos tritões e salamandras conseguem regenerar membros inteiros, olhos, órgãos e partes do sistema nervoso central. Mesmo nos anfíbios que não conseguem regenerar componentes biológicos complexos, como as rãs e os sapos adultos, a taxa de cura e recuperação é muito mais elevada do que em muitos outros vertebrados. Por exemplo, os nervos cortados nas rãs regeneram-se frequentemente e voltam a ligar-se [39, 63]. Nos mamíferos, este tipo de cicatrização exigiria normalmente uma intervenção cirúrgica. A resiliência das rãs e as caraterísticas únicas da sua pele e do seu sistema esquelético simplificam grandemente o tratamento dos animais, incluindo a anestesia e os procedimentos cirúrgicos. A resiliência dos tecidos dos anfíbios também simplifica as experiências in vitro, em que as preparações de tecidos inteiros são retiradas do animal e mantidas vivas e funcionais para estudo.

O cérebro e o sistema nervoso central dos anfíbios é muito mais fácil de trabalhar do que o dos ratos e de muitos outros vertebrados, porque estruturas como o cérebro e o cerebelo não obscurecem e obstruem o acesso a áreas próximas do cérebro. Em organismos como os ratos e os humanos, o aumento destas estruturas obscurece áreas importantes do tronco cerebral e do diencéfalo. Nas rãs adultas, a medula espinhal é comprimida em dez segmentos, o que facilita muito a manipulação da medula espinhal. No *Lithobates pipiens*, o tamanho do cérebro e de parte da espinal medula, incluindo o alargamento cervical, é inferior a três centímetros, o que permite aos investigadores analisar praticamente todo o cérebro e a parte superior da espinal medula numa única experiência.

As rãs têm sido utilizadas para esclarecer numerosos problemas e questões fisiológicas. Nos últimos anos, a rã *Xenopus laevis* tem sido utilizada em conjunto com mecanismos moleculares descobertos em *Drosophila melanogaster* e com estudos de sucessão celular no verme plano *Caenorhabditis elegans* para obter informações sobre os padrões de migração e dobragem celular que conduzem ao desenvolvimento dos vertebrados a partir de um ovo fertilizado.

1.2   A BIOLOGIA DO DESENVOLVIMENTO E OS ANFÍBIOS

A biologia do desenvolvimento é importante para a compreensão do sistema nervoso. Permite aos neurocientistas reduzir uma complexidade funcional aparentemente confusa a grupos de estruturas que estão relacionadas entre si em termos de desenvolvimento. Também lança luz sobre a função das estruturas neuronais. Além disso, alguns dos processos envolvidos na remodelação do sistema nervoso, como a aprendizagem ou a aquisição de memória, podem ser semelhantes ou estar relacionados com processos que ocorrem durante o desenvolvimento embrionário.

### 1.2.1   *O projeto que se escreve a si próprio*

Embora muito se tenha aprendido sobre a biologia do desenvolvimento dos vertebrados, algumas questões sem resposta tornam-se particularmente evidentes quando se examina a evolução do sistema nervoso. Em primeiro lugar, é fácil mostrar que o material genético dos vertebrados terrestres modernos é insuficiente para codificar os detalhes arquitectónicos e citoarquitectónicos do sistema nervoso central que são cruciais para o seu funcionamento [24]. É possível aumentar o conteúdo informativo do material genético através da reorganização do código genético no embrião em desenvolvimento, como acontece no desenvolvimento do sistema imunitário dos vertebrados. O código genético para os anticorpos produzidos pelo organismo maduro é repetidamente duplicado, baralhado e emendado para formar uma coleção diversificada de anticorpos capazes de reconhecer um enorme número de antigénios. Embora a reorganização genética possa ser possível em algumas partes do sistema nervoso, não parece ser o mecanismo pelo qual o sistema nervoso central desenvolve a maior parte da sua arquitetura complexa.

A segunda questão diz respeito à estabilidade funcional e física dos sistemas desenvolvidos. Uma vez que o tecido se desenvolveu no feto, já não utiliza todos os mesmos mecanismos para manter a sua estrutura e função à medida que cresce ou que as células morrem e são substituídas como parte da manutenção normal. Isto é especialmente verdade para o cérebro, onde as ligações e, em alguns casos, os novos neurónios estão constantemente a ser formados à medida que o organismo cresce e aprende. Apesar da constante mudança na estrutura do cérebro, o organismo mantém um padrão de comportamento relativamente estável e, pelo menos nos seres humanos, uma identidade.

Algumas destas questões podem ser parcialmente respondidas com a ajuda de uma classe de modelos biológicos conhecidos como sistemas auto-organizadores. Um dos primeiros exemplos de um sistema deste tipo são os autómatos celulares que ficaram conhecidos como AI Life [13]. Embora seja pouco provável que os autómatos celulares sejam adequados para a maioria dos modelos biológicos realistas [137], os autómatos celulares e os seus sucessores dão aos neurobiólogos uma pista sobre a forma como um sistema tão complexo e rico em informação poderia evoluir a partir da informação limitada do código genético. Outros sistemas auto-organizadores mostram como podem emergir padrões estáveis e úteis de sistemas que estão em constante fluxo, como é o caso da aprendizagem, do reconhecimento de padrões e do comportamento geral [12].

### 1.2.2   *Artefactos e arquitetura em sistemas auto-organizados*

Um aspeto surpreendente da maioria dos sistemas auto-organizados é o facto de muitos dos seus componentes só existirem devido ao seu efeito noutros componentes. Isto é claramente visível nos embriões em desenvolvimento, onde um enorme número de células é formado e destruído durante a embriogénese [116]. Muitas dessas células e tecidos voláteis podem ser comparados aos andaimes de um edifício em construção, embora deva ser enfatizado que isso é realmente uma analogia. No sistema nervoso, algumas destas células podem ser consideradas como desbravadoras, sacrificando-se para que os seus irmãos possam encontrar com segurança os seus destinos no cérebro e no corpo. Outra possibilidade que surgiu do estudo dos sistemas auto-organizados é que as células e os tecidos que não servem para nada além de apoiar o desenvolvimento nem sempre desaparecem do tecido final. Isto torna menos intrigante o aparecimento de órgãos rudimentares como a plica semilunaris nos humanos. Pensa-se que a plica semilunaris é um vestígio da membrana nictitante ou terceira pálpebra que muitos outros vertebrados possuem. A remoção desta estrutura do processo de desenvolvimento do feto poderia perturbar gravemente o desenvolvimento do olho e de outras partes da cabeça.

Uma vez que as rãs e os sapos sofrem metamorfose de larvas para adultos e que este processo envolve o desenvolvimento e a inervação de órgãos e tecidos que não estão presentes na larva, é provável que estes organismos adquiram mais andaimes e neurónios pioneiros na fase adulta. O facto de mesmo as rãs e sapos adultos terem uma capacidade relativamente elevada de regeneração, como a regeneração do nervo ótico ou dos nervos periféricos [23, 39, 129, 134], também sugere que mais estruturas de suporte e de orientação estarão presentes na idade adulta. As ligações diretas que parecem contornar as fases normais de processamento do cérebro, como as deste estudo, são exatamente o tipo de caraterísticas que eu esperaria ver nos neurónios de andaimes e de reconhecimento.

### 1.2.3 *Constelações sinápticas e regras de aprendizagem*

As projecções de muitos neurónios, como os ramos dendríticos, as espinhas e os botões sinápticos, isolam-nos efetivamente do resto da célula, tanto do ponto de vista elétrico como bioquímico [46]. Os boutons sinápticos, por exemplo, são considerados unidades individuais mas idênticas. Isto significa que um único bouton pode ser modelado da mesma forma que uma única célula num modelo de auto-organização. Como exemplo, considere-se um modelo bidimensional hipotético simplificado que consiste em células estaminais que geram tecido epitelial numa matriz extracelular pré-existente. Para aplicar este modelo a um campo sináptico, as células estaminais são substituídas por botões sinápticos, enquanto a matriz extracelular se torna o neuropil, que inclui glia, processos neuronais e matriz extracelular. O tratamento de todos os botões sinápticos derivados de neurónios com bioquímica e linhagem celular semelhantes como um campo sináptico unificado simplifica o modelo e pode fornecer informações sobre a aprendizagem e a codificação de informações no sistema nervoso central.

### 1.2.4 *Para um modelo preditivo do desenvolvimento e da função neuronal*

Os sistemas auto-organizados e outros modelos biológicos ajudam os cientistas a compreender de uma forma geral o funcionamento dos sistemas biológicos, mas ainda não fornecem um modelo de previsão biológica exato. Um dos problemas pode ser o facto de ser necessário desenvolver modelos melhores, uma tarefa reservada a engenheiros, matemáticos e cientistas informáticos. Outro problema é o facto de a avaliação de um modelo deste tipo exigir um modelo biológico experimental simplificado, como um tecido epitelial bidimensional. A análise de caraterísticas como as ligações diretas, que são o foco deste estudo, poderia ajudar os investigadores a criar um modelo mais significativo para os vertebrados, e poderia mesmo ajudar a fornecer informações sobre a forma como alguns tipos de redes neuronais se desenvolvem e funcionam.

# CAPÍTULO 2 A NATUREZA DOS SISTEMAS SENSORIAIS

## 2.1 OS QUALIA DOS SENTIDOS

Alguns filósofos utilizaram o termo qualia sensorial para descrever certas propriedades do universo tal como são percepcionadas pela mente e apreendidas pelos sentidos. Estes filósofos consideram que o universo físico é para sempre incognoscível para a mente humana, que só pode percecionar a sua própria interpretação incoerente do universo, como os qualia da vermelhidão. No mundo da neurobiologia, a tecnologia de deteção e imagem tem sido frequentemente utilizada como analogia para os órgãos sensoriais, como uma câmara digital para o olho. No entanto, para a informação que é efetivamente enviada dos órgãos dos sentidos para o cérebro, seria mais adequada uma analogia com os qualia dos filósofos [122].

## 2.2 O SENTIDO DOS SENTIDOS

A retina é um bom exemplo da espantosa riqueza de informação fornecida pelos sistemas sensoriais. A retina é, de facto, uma rede neural muito complexa que processa exaustivamente a informação visual antes mesmo de esta chegar ao cérebro. Por exemplo, quando uma célula sensorial de luz na retina é estimulada, outras células da retina inibem as células vizinhas, aumentando o contraste e tornando as caraterísticas mais nítidas [92]. A complexa rede neuronal da retina também é capaz de extrair e processar informações de outras formas complexas. Por exemplo, muitos animais, como os gatos e as rãs, têm uma faixa visual que atravessa o centro da retina. Esta parte da retina detecta o movimento e fornece ao cérebro informações sobre a velocidade e a direção do movimento. Outras células da retina fornecem informações sobre as alterações da iluminação ambiente que ocorrem ao longo do dia e da noite e estão envolvidas no controlo do ritmo circadiano [60]. O conhecimento e a teoria actuais sobre a estrutura e a função da retina indicam que a retina, enquanto unidade, pode desempenhar muitas funções de processamento de informação.

A maioria das projecções retinianas liga a retina aos sistemas visuais primários, como o córtex visual primário e o teto ótico. O sistema nervoso central monitoriza e modifica a atividade de processamento dos sistemas sensoriais, incluindo a retina, diretamente através de ligações frequentemente designadas por acessórias [14, 52, 84, 130, 133]. Estes tipos de ligações não estão normalmente associados ao centro de processamento primário do sentido em causa. Nas aves, áreas especializadas do cérebro podem variar o contraste em diferentes áreas da retina. Isto pode compensar as diferenças de iluminação da retina, como as que ocorrem quando uma ave bica para se alimentar à sombra de uma árvore[56]. Pode também ajudar a ajustar a atenção da ave, tornando a parte superior ou inferior da retina mais ativa ou mais sensível [115]. Isto pode ajudar a mudar o foco da ave, por exemplo, quando a ave está a alimentar-se e um predador se aproxima por cima dela. Embora a capacidade de ajustar o contraste da retina em alta resolução possa não ser uma propriedade geral dos vertebrados, as ligações centrífugas e centrípetas dos sistemas sensoriais a diferentes partes do cérebro e do sistema nervoso central são uma caraterística consistente que é frequentemente conservada filogeneticamente [37, 73, 76, 83, 91, 93, 124, 123].

## 2.3 FALA COM OS OLHOS E O NARIZ

A capacidade do sistema nervoso central para regular as actividades de processamento de informação da retina e do epitélio olfativo poderia servir para tornar estes sistemas sensoriais partes funcionalmente integradas do cérebro e do sistema nervoso central. Isto poderia permitir que a retina e o epitélio olfativo desempenhassem um papel ativo na tomada de decisões e no comportamento, incluindo o acasalamento, o comportamento social e muitos tipos de tarefas de reconhecimento de padrões [56, 70, 73, 77, 106, 115, 123, 125, 154]. As análises neurobiológicas da retina mostram que o grau de compartimentação na citoarquitectura retiniana aumenta a complexidade da retina, tornando-a semelhante, em termos de função, a uma rede neuronal que é muitas ordens de grandeza maior do que a retina [46, 102]. A função exacta da retina e a informação associada à função da retina ainda não foram determinadas, mas é muito provável que a retina não só perceba a luz, como também processe os dados e extraia caraterísticas significativas. As ligações do sistema nervoso central à retina poderiam adaptar a extração de caraterísticas ao modo de comportamento atual do organismo.

*Lithobates pipiens* apanha pequenas presas com a língua e presas grandes com as mandíbulas e as patas dianteiras [1]. A informação da faixa visual de *Lithobates pipiens* sobre o movimento e o tamanho dos pequenos animais de que se alimenta poderia ser usada para implementar uma função de limiar relativamente simples na formação reticular. Por exemplo, se a formação reticular funciona como uma rede de reconhecimento de padrões que gera um padrão de alimentação motora quando um padrão é correspondido, as ligações diretas da retina poderiam ajudar a formação reticular a ajustar-se ao padrão correto, mesmo antes de o nervo ótico ter processado a informação visual e iniciado um padrão de alimentação motora. Informações semelhantes poderiam também provir de projecções diretas de odores. A partir de um determinado tamanho de presa, seria activada uma função de limiar que alteraria a estratégia de alimentação. Isto permitiria que a formação reticular decidisse o padrão de alimentação motora quase tão rapidamente quanto possível no sistema nervoso, facilitando os movimentos incrivelmente rápidos e precisos com que esta espécie se alimenta.

## 2.4 RUÍDO E ANTI-RUÍDO

O sistema nervoso central é, por natureza, um sistema muito ruidoso. Parte deste ruído deve-se à natureza das células sensoriais e do tecido neural. Os canais iónicos individuais, que permitem a transmissão de sinais dentro e entre neurónios, são estocásticos. Um determinado nível de estimulação aumenta a probabilidade de um canal iónico se abrir, mas não o garante. Da mesma forma, uma estimulação abaixo do limiar de estimulação do canal iónico diminui a probabilidade de o canal iónico se abrir, mas não suprime completamente a atividade. De facto, a maioria dos processos biológicos contém um elemento estocástico. Outros ruídos podem ser devidos ao sinal. A radiação electromagnética flutua a todos os níveis, desde as alterações na iluminação ambiente até às flutuações quânticas no fluxo de fotões. Estas grandes quantidades de ruído são um problema sério e confuso num sistema de processamento de sinais, especialmente num sistema com muito controlo de feedback, como o sistema nervoso central. [42].

Uma possível função das ligações sensoriais diretas, tal como investigada neste estudo, só recentemente foi explorada. Os engenheiros que trabalham com processamento de sinais e sistemas de sensores encontraram uma série de soluções para o problema do ruído. Uma solução, que parece contra-intuitiva, consiste em injetar um certo tipo de ruído no sensor. Isto pode ter o efeito de reduzir o ruído global nos dados e pode mesmo permitir que o sistema sensorial reconheça estímulos que estão abaixo do limiar normal de perceção. Alguns cientistas já começaram a investigar estes mecanismos de presunção no sistema nervoso central [11, 65, 90, 104, 105]. Para além deste sistema, conhecido como ressonância estocástica, são também concebíveis outros mecanismos de supressão de ruído e de processamento de sinais no sistema nervoso central [42, 68]. As ligações diretas dos aparelhos sensoriais, como no presente estudo, podem fazer parte desse sistema de cancelamento de ruído.

2.5 OLHOS ELÉCTRICOS

A informação codificada pelas células ganglionares da retina está ainda a ser investigada. A retina está envolvida na extração de caraterísticas complexas e pode interagir diretamente com outras estruturas do sistema nervoso central [25, 28, 44, 80, 153]. É possível que a interação entre a retina e as estruturas do sistema nervoso central seja importante para o processamento visual [56, 70, 73, 77, 106, 115, 123, 125, 154]. A falta de conhecimentos específicos e pormenorizados sobre a informação codificada pela retina e pelos sistemas visuais constitui um obstáculo às investigações. Em primeiro lugar, é impossível descrever a função exacta das estruturas do sistema nervoso central envolvidas no comportamento visual sem compreender como a informação visual é codificada na atividade neural. Em segundo lugar, muitas aplicações práticas com órgãos sensoriais artificiais e interfaces neurais diretas [36, 94, 149] aguardam este conhecimento. A ciência médica já está a tentar desenvolver implantes sensoriais ópticos artificiais. Isto é muito difícil porque a informação enviada do olho para o cérebro não é comparável às imagens rasterizadas produzidas por dispositivos de imagem digital e não é possível enviar essas imagens digitais diretamente para o cérebro, mesmo com uma resolução muito baixa.

# CAPÍTULO 3 A MENTE E O CORPO

## 3.1 INTEGRAÇÃO SENSÓRIO-MOTORA

O domínio da integração sensório-motora é uma tentativa de compreender a forma como a informação sensorial e as funções motoras são integradas nos animais com comportamento. Muitos campos relacionados com o estudo do comportamento vêem os organismos comportamentais como um conjunto de componentes separados, muitas vezes activados sequencialmente. Por exemplo:

1. Os dados sensoriais são recebidos por um sistema de processamento sensorial: A retina está ligada aos nervos ópticos no tronco cerebral dos anuros.
2. A informação sensorial processada é recebida por um gerador de padrões motores: a coluna motora e os núcleos do tronco cerebral e da espinal medula.
3. O gerador de padrões motores ativa e controla então os sistemas de propulsão: os músculos esqueléticos do animal.

Este tipo de modelo pode ser útil nalgumas situações ou sistemas biológicos excepcionais. No entanto, há muito que se reconhece que muitos componentes do sistema nervoso parecem funcionar normalmente em paralelo. Uma rã não pára de processar dados visuais, tácteis e outros dados sensoriais enquanto executa movimentos de alimentação, e o sistema locomotor nunca está completamente inativo, a menos que o animal esteja torpe ou em hibernação. O conceito de integração sensório-motora envolve o facto de a integração de dados sensoriais e a geração de padrões de movimento em animais com comportamento serem processos síncronos.

## 3.2 FANTASMAS NA MÁQUINA

Um conceito importante implícito na integração sensório-motora foi recentemente designado por incorporação por investigadores no domínio da robótica [19, 86, 146]. Imagine-se um termóstato simples constituído por uma tira bimetálica que se expande e contrai com as mudanças de temperatura e um interrutor ligado à tira que liga e desliga num determinado limiar de temperatura. O dispositivo não contém circuitos ou informação explicitamente codificada. No entanto, o dispositivo "sabe" quando deve ativar o ar condicionado ou o aquecimento [61]. Esta informação está codificada no próprio aparelho físico. Do mesmo modo, os sistemas músculo-esquelético e biomecânico de uma rã codificam na sua estrutura uma grande quantidade de informação sobre a forma como a rã se vai mover e comportar no seu ambiente. Por exemplo, as propriedades viscoelásticas do tecido muscular amortecem os sons acima e abaixo de uma determinada frequência e tendem a somar os sinais oscilantes. Os valores exactos destas propriedades podem ser ajustados para fazer face aos tipos específicos de ruído a que um músculo individual está exposto. Os investigadores já demonstraram que estas propriedades variam consoante o tipo de músculo e parecem estar frequentemente adaptadas à função do músculo [8, 18, 22, 119].

3-3 A CAIXA NEGRA

Os investigadores que pretendem estudar a integração sensório-motora devem integrar informações de diferentes domínios, incluindo a neurobiologia e a biomecânica. O estudo da integração sensório-motora exige muitas vezes a integração de informações a diferentes níveis de organização e de descrição, tais como as caraterísticas citoarquitectónicas dos neurónios-chave e a anatomia macroscópica do sistema músculo-esquelético. Exige a integração de informações sobre diferentes processos fisiológicos, como o recuo elástico dos músculos [18, 20, 82, 148] e mecanismos de controlo como o controlo adaptativo no sistema nervoso central [152]. Muitas vezes, é necessário integrar informações de natureza e tipo de dados fundamentalmente diferentes, como a conetividade de diferentes partes do sistema nervoso central e as propriedades biomecânicas do sistema músculo-esquelético. Este domínio exige a integração de informações sobre sistemas biológicos incompletos ou mal compreendidos. Como já foi referido, a forma como a informação sensorial é processada pelos órgãos sensoriais e que tipo de informação é transmitida ao sistema nervoso central não é totalmente conhecida.

O estudo da integração sensório-motora pode exigir a integração de múltiplos paradigmas. Por exemplo, alguns processos comportamentais são melhor modelados como uma sequência de actividades e acontecimentos. Uma rã decide deslocar-se para outro local, o que ativa um sistema de controlo motor que executa o movimento. No entanto, a fuga de um predador pode ser mais bem modelada como um processo síncrono que envolve a atividade de muitos sistemas fisiológicos, incluindo o sistema nervoso central, o sistema nervoso autónomo e o sistema músculo-esquelético.

3.4 TORNA-ME UNO COM TUDO

Para atenuar alguns destes problemas, os investigadores no domínio da integração sensório-motora utilizam geralmente modelos de "caixa negra". Modelos semelhantes têm sido utilizados com sucesso em muitos domínios das ciências da vida. Quando se utiliza um modelo de caixa negra, o sistema a modelar é dividido em elementos funcionais que podem ser descritos de forma completa e exacta. Essencialmente, cada elemento é descrito apenas em termos das suas propriedades de entrada e saída, sem ter em conta os mecanismos internos. Estes modelos podem incorporar simultaneamente abordagens descendentes e ascendentes, como os pormenores citoarquitectónicos do sistema nervoso central e a anatomia macroscópica do sistema músculo-esquelético. Integram sem esforço diferentes tipos de informação, como a conetividade neural e a biomecânica. O modelo permite a integração de múltiplas hipóteses divergentes. Por exemplo, para incluir processos sequenciais e síncronos, os diferentes modos de funcionamento podem ser modelados como camadas separadas no modelo, talvez usando o processamento síncrono como base a partir da qual o processamento sequencial é derivado. Também podem ser incluídos lado a lado, como se fossem sistemas funcionais separados. O sistema pode mesmo ser modelado como uma máquina de estados, sendo o processamento síncrono e sequencial propriedades de diferentes estados do sistema nervoso.

A utilização de caraterísticas de entrada e saída permite a integração de diferentes tipos de dados e a utilização de informações de sistemas incompletos. Por exemplo, a falta de compreensão e de pormenor relativamente à função da retina e ao tipo específico de informação enviada para o sistema nervoso central poderia ser evitada definindo simplesmente a retina como uma caixa negra que gera atividade no nervo ótico quando recebe uma entrada visual. Desta forma, apenas o estímulo visual e a atividade das fibras do nervo ótico teriam de ser determinados empiricamente. Se o modelo for cuidadosamente construído, essas omissões podem não ter um impacto negativo nos aspectos relevantes de um determinado estudo. Outra abordagem consiste em combinar dois sistemas descritos de forma incompleta numa caixa negra cujas propriedades de entrada e de saída sejam totalmente descritas. Tomemos, por exemplo, as células do tronco cerebral que recebem informação proprioceptiva para um músculo. As caraterísticas de saída são desconhecidas, mas sabe-se que os núcleos das células estão ligados a outro grupo de células que produzem a saída para o músculo. As duas populações de células poderiam ser combinadas numa caixa negra que recebe estímulos proprioceptivos e gera estímulos para um músculo. Recentemente, os investigadores que estudam a integração sensório-motora em anuros alimentadores utilizaram um sistema de modelação de caixas negras conhecido como modelação baseada em esquemas[27, 26].

## 3.5   OS LIMITES DO UNIVERSO

Os investigadores no domínio da integração sensório-motora tentam frequentemente selecionar para os seus estudos sistemas que apresentem caraterísticas que simplifiquem a análise e limitem os artefactos e as anomalias nos dados. Estas caraterísticas podem estar sujeitas a uma pressão de seleção a longo prazo, a propriedades intrínsecas do tecido ou a aspectos do ambiente em que o organismo vive.

### 3.5.1   *Seleção natural*

É importante ter em conta os efeitos da seleção natural nos sistemas em estudo (ver Apêndice A). Ao estudar o sistema nervoso, os investigadores adoptam frequentemente uma abordagem de "engenharia e otimização de sistemas". Esta abordagem permite ao investigador utilizar ferramentas analíticas poderosas de domínios como a engenharia, a informática e a física, sem necessidade de provas de validade rigorosas e potencialmente impossíveis. Isto simplifica a recolha de dados, a análise e a construção de modelos de muitas formas.

Esta abordagem não é adequada, a menos que os sistemas em estudo estejam sujeitos a uma pressão de seleção muito forte. O relaxamento da seleção natural que ocorre frequentemente quando um organismo é extremamente bem sucedido permite que os organismos mudem ou persistam de formas que parecem completamente ineficientes, por vezes ridículas e frequentemente confusas. As caraterísticas em que as pressões de seleção diminuíram podem assemelhar-se menos a uma máquina finamente afinada e mais a uma máquina de Rube Goldberg.

Por definição, os organismos bem sucedidos experimentam um relaxamento da pressão de seleção para pelo menos algumas caraterísticas. Todas as espécies existentes devem ser consideradas como espécies pelo menos um pouco bem sucedidas. Por esta razão, é preciso ter sempre em conta que as ferramentas analíticas que um biólogo utiliza numa investigação fazem frequentemente previsões e pressupostos incorrectos ou falham mesmo completamente quando se trata de descrever um sistema biológico ou de produzir análises precisas.

### 3.5.2   *As propriedades do tecido*

Os investigadores podem utilizar as propriedades intrínsecas dos tecidos de um organismo para selecionar caraterísticas produtivas para investigação. No domínio da integração sensório-motora, é comum selecionar movimentos que são "balísticos". Um movimento balístico é um movimento que tem de ser planeado antecipadamente porque é demasiado rápido para que o sistema nervoso central possa interagir durante o movimento. Tais movimentos incluem, por exemplo, a protrusão da língua e o alongamento inercial em alguns anfíbios que se alimentam. Os movimentos puramente balísticos são também uma boa escolha, uma vez que esta propriedade pode ser determinada empiricamente por experiências neuroanatómicas e electrofisiológicas [33, 126]. Limitar a possibilidade de interação neuronal durante o movimento pode reduzir a complexidade dos circuitos neuronais e o número de componentes-chave. Infelizmente, a maioria dos movimentos, mesmo os muito rápidos, não são puramente balísticos. As projecções diretas, como as que são o foco deste estudo, podem sugerir que um movimento não é verdadeiramente balístico, dependendo da função que desempenha (CW Anderson, observação pessoal).

### 3.5.3 *O mundo físico*

Os investigadores no domínio da integração sensório-motora podem utilizar as caraterísticas do ambiente em que o organismo se comporta para simplificar o estudo. Por exemplo, alguns investigadores estudaram a captura de presas por morcegos utilizando a ecolocalização. É provável que tenham escolhido este modelo por três razões. Em primeiro lugar, trata-se de um comportamento alimentar que está provavelmente sujeito a uma forte pressão de seleção. Em segundo lugar, uma vez iniciado o movimento de alimentação, a captura da presa é provavelmente demasiado rápida para uma grande interação do sistema nervoso central, especialmente se a presa do morcego estiver adaptada para dobrar as asas e mergulhar enquanto é perseguida. Isto significa que o movimento, uma vez iniciado, pode ser quase balístico. Em terceiro lugar, e mais importante, aperceberam-se de que, se a ecolocalização dos morcegos funcionasse através da criação de um mapa do espaço tridimensional no teto, como acontece frequentemente com os sistemas ópticos, a análise da integração sensorial auditiva seria muito simplificada.

Infelizmente, este modelo revelou-se intratável, como descobriram os investigadores. Por um lado, as caraterísticas do sistema auditivo, incluindo o pavilhão auricular, introduzem heurísticas complexas na informação sensorial que são difíceis de determinar empiricamente. Mais importante ainda, o morcego aparentemente não cria este mapa usando informação auditiva [40]. Este resultado é surpreendente e intrigante, mas levanta a possibilidade de que, neste caso, transformações complexas e possivelmente não lineares no domínio da frequência ou propriedades invulgares de um sistema dinâmico desempenhem um papel fundamental no processamento da informação sensorial. Em termos simples, os investigadores podem não ter o quadro teórico necessário para descrever sistemas com estas propriedades (ver Anexo B). É muitas vezes aconselhável evitar estes problemas, a não ser que as investigações se centrem efetivamente em sistemas dinâmicos e em fenómenos invulgares com eles relacionados, como a ressonância estocástica [11, 65, 90, 104, 105].

### 3.6 INTEGRAÇÃO SENSÓRIO-MOTORA NA ALIMENTAÇÃO DOS ANUROS

Alguns investigadores no domínio da integração sensório-motora escolheram a alimentação em anfíbios como um sistema promissor para investigação. Há uma série de razões para tal. Em primeiro lugar, os anfíbios não têm córtex cerebral. Isto é útil porque a função do córtex cerebral em termos de input e output ainda não foi descrita em pormenor. Outra razão pela qual a ingestão de alimentos em anuros é de interesse para o investigador é que a ingestão de alimentos na maioria dos anfíbios está provavelmente sob uma pressão de seleção bastante forte e constante.

### 3.6.1 *Experiências repetíveis*

A alimentação é um padrão comportamental fortemente estereotipado em muitos anfíbios, e as condições experimentais podem reforçar artificialmente a estereotipia até certo ponto [34]. Embora seja possível analisar padrões de comportamento que apresentam uma variação considerável em termos de biomecânica e controlo neurobiológico, é necessária uma análise estatística sofisticada para determinar se a variação num determinado estudo é demasiado grande para fornecer dados utilizáveis.

### 3.6.2 *Camadas e linhas*

Nalguns padrões de alimentação, como nas salamandras pletodontes[33, 126] e na preensão lingual em muitos anuros, é possível analisar o movimento do elemento funcional principal em duas ou mesmo numa dimensão. No caso da alimentação com a língua nos anuros, a língua pode ser descrita como um movimento bidimensional no plano médio-sagital ou mesmo como um movimento unidimensional ao longo do eixo do animal. Isto poderia facilitar grandemente tanto uma análise biomecânica rigorosa, pelo menos da língua, como a descrição dos circuitos neuronais putativos envolvidos na geração de um padrão motor. *O Hemisus marmoratum* é único na medida em que estende a língua por extensão hidrostática em vez de extensão inercial[7,112], à semelhança de um camaleão que ingere alimentos[6q, 98]. Neste caso, o movimento é mais lento e "menos" balístico, e a língua pode ser movida num cone tridimensional à volta da cabeça. A análise destes sistemas fascinantes é muito útil para compreender a hidrostaticidade muscular, que é, em certa medida, uma propriedade geral de todos os tecidos musculares viscoelásticos. Os sistemas de controlo complexos necessários para um controlo preciso da língua sugerem que muitos dos sistemas de controlo disponíveis nos anuros estão envolvidos, permitindo aos investigadores determinar algumas das estruturas anatómicas fundamentais da alimentação com a língua nos anuros. Este sistema único pode também permitir que os investigadores que estudam a alimentação com a língua noutros anuros apliquem as suas descobertas ao estudo de outros tetrápodes vertebrados. No entanto, o elemento neurobiológico é muito mais complexo do que seria desejável para construir um modelo completo de integração sensório-motora, especialmente considerando que um investigador pode ser impedido por uma nova descoberta em qualquer altura da investigação.

### 3.6.3 *Espaço e tempo*

Os animais com tecido do sistema nervoso central limitado permitem investigações que de outra forma seriam impossíveis. Os estudos neurofisiológicos e neuroanatómicos demoram tempo e os protocolos são inerentemente propensos a erros e a artefactos, o que significa que as experiências têm de ser repetidas. Um cérebro maior significa que é mais difícil para o investigador realizar estudos neuro-roanatómicos e neurofisiológicos em grande escala de todo o sistema nervoso central do organismo. Muitos estudos exigem a análise repetida de uma grande área. Por exemplo, uma análise precisa do tecido cortical pode exigir uma determinação útil dos detalhes citoarquitectónicos numa grande área do córtex. . Devido à elevada variabilidade do córtex cerebral, isto teria de ser feito para cada experiência, o que não é prático para a maioria das aplicações. A necessidade de determinar repetidamente e com precisão grandes áreas de citoarquitectura torna impossível descrever empiricamente um sistema na área da integração sensório-motora utilizando as técnicas actuais. A determinação dos pormenores citoarquitectónicos dos núcleos do cérebro, do tronco cerebral e da espinal medula é muitas vezes viável na prática, porque têm propriedades bastante uniformes. Nas rãs e nos sapos, estes núcleos são frequentemente pequenos e podem compreender apenas alguns neurónios. Em muitos casos, foram descritos com tanta precisão que são úteis e repetíveis.

### 3.7 A ORGANIZAÇÃO DOS SISTEMAS MOTORES

### 3.7.1 *Não calcular*

A era dos computadores trouxe à luz do dia uma verdadeira enxurrada de classes de problemas e várias formas de os calcular, conhecer ou resolver teoricamente, pragmaticamente ou atualmente não (ver Apêndice C). Os conhecimentos teóricos e as provas de computabilidade não são normalmente necessários para um estudo biológico. A computabilidade foi calculada e provada para muitas classes de problemas. Os problemas da investigação que parecem ser semelhantes a problemas difíceis, como o problema do caixeiro-viajante (ver Apêndice C), são-no frequentemente.

As classes de problemas NP, NP-difícil e NP-completo (ver Apêndice C) estão relacionadas com muitos problemas científicos que envolvem a tradução entre diferentes escalas de estrutura ou função. Por exemplo:

- Determinação da função de toda a célula com base apenas na bioquímica da célula
- Determinação da estrutura de um órgão com base apenas nas propriedades de interação célula-célula
- Utilização de um modelo semelhante aos modelos de células em autómato celular para determinar completamente as caraterísticas macroscópicas
- Utilização de dados e teorias electroquímicas de pequenas secções de membranas celulares de neurónios para determinar completamente as propriedades electroquímicas de um neurónio inteiro
- Derivar a função de uma rede neuronal apenas dos resultados citoarquitectónicos e electroquímicos dos neurónios individuais
- Em geral, a função das redes neuronais que são ordens de grandeza mais pequenas do que uma estrutura neuronal em termos do número de neurónios ou da complexidade da rede é utilizada para determinar completamente a função dessa estrutura neuronal.

Essencialmente, o biólogo assume que estes problemas não podem ser resolvidos. Alguns problemas podem ser reduzidos a uma outra classe de problemas que podem ser resolvidos na atual era humana, mas mesmo isto é muitas vezes difícil e pode não ser possível de todo. A abordagem mais segura é o biólogo utilizar o conhecimento a um nível mais pequeno do sistema como um conjunto de restrições adicionais que, juntamente com factos empiricamente determinados sobre os elementos do sistema a um nível maior, ajudam a determinar um modelo descritivo realista ao nível maior desejado. Por exemplo, o conhecimento da taxa máxima a que um potencial de ação pode ser gerado no axónio e a informação sobre a taxa máxima de libertação de neurotransmissores num bouton sináptico para uma classe de neurónios determinam, em alguns casos, a quantidade máxima de estimulação ou inibição que uma estrutura do sistema nervoso central pode receber de outra sem transmissão não sináptica, como sinapses eléctricas ou indução eletroquímica e capacitância.

O mesmo conceito de previsibilidade aplica-se à atividade do sistema nervoso central ao nível do organismo. É possível que o sistema nervoso central utilize mecanismos que ultrapassam a atual teoria humana para resolver o problema, mas o problema existe e o sistema nervoso central tem de lidar com ele de alguma forma. Os investigadores falam frequentemente da elevada dimensionalidade ou do grande número de graus de liberdade dos sistemas motores e de controlo do organismo quando se referem a este problema. Os neurobiólogos falam de modularidade, propriedades emergentes ou redução da dimensionalidade quando discutem soluções hipotéticas para este problema no funcionamento do sistema nervoso central. Os problemas de computabilidade estão frequentemente no centro das investigações no domínio da integração sensório-motora. As investigações específicas são frequentemente concebidas com base na previsibilidade dos modelos biomecânicos e neuronais. Isto significa muitas vezes que as propriedades de um elemento numa escala maior dependem necessariamente das propriedades de elementos numa escala menor. Este facto pode tornar o estudo mais ou menos fácil, dependendo das propriedades do elemento específico. Se o elemento-chave de pequena escala torna um sistema de grande escala dependente do comportamento combinado dos elementos de pequena escala sem fornecer um mecanismo identificável para reduzir a complexidade, a função do elemento de grande escala não pode ser determinada neste momento. Por exemplo, o estudo da ecolocalização dos morcegos estava inicialmente dependente do mapeamento auditivo espacial no teto ótico, mas tornou-se potencialmente intratável e possivelmente mais interessante quando se percebeu que o teto ótico não parece funcionar desta forma neste caso. A célula de Mauthner e a resposta de fuga em animais aquáticos, como peixes e girinos, é outro exemplo da função de um organismo que depende do comportamento de uma pequena estrutura. A determinação da funcionalidade específica das células de Mauthner é bastante reveladora, embora difícil e ainda não concluída.

Na *Rhinella marinus*, a pretensão lingual pode depender da inervação e da atividade do músculo submental. O músculo submental levanta o mentomeckeliano

O músculo submental é um músculo pequeno, com uma área de influência muito limitada, e o seu comprimento não se altera muito. O músculo submental é um músculo pequeno com uma área de influência muito limitada, e o músculo não altera muito o seu comprimento. Este facto poderia tornar o estudo mais produtivo se a atividade muscular pudesse ser investigada, embora pudesse ser mais interessante se não fosse esse o caso.

Em *Lithobates pipiens*, as projecções diretas do epitélio olfativo e da retina para os centros de alimentação no tronco cerebral poderiam simplificar o modelo. O olfato e a visão são os sentidos mais importantes para a caça de presas neste animal. As ligações esparsas da retina e do epitélio olfativo aos núcleos que controlam a língua e a mandíbula poderiam tornar um modelo de integração sensório-motora mais ou menos compreensível, em função das propriedades funcionais específicas destas ligações.

### 3.7.2  Os blocos de construção da vida

*As pulgas grandes têm pulgas pequenas nas suas costas para as morderem, e as pulgas pequenas têm pulgas mais pequenas, e assim sucessivamente.*
*E as próprias pulgas grandes têm pulgas maiores que continuam, enquanto estas, por sua vez, têm pulgas ainda maiores, e pulgas ainda maiores, e assim por diante.*
-Augustus De Morgan [103]

Desde a descoberta das células, outrora referidas como os blocos de construção da vida, e provavelmente antes, os cientistas têm observado que os sistemas biológicos parecem ser constituídos por padrões semelhantes que são replicados, modificados e integrados para formar um sistema maior. Os primeiros biólogos utilizaram a analogia dos tijolos para as células. Muitas estruturas homogéneas, desde o citoesqueleto até à estrutura do osso e da madeira, eram vistas como análogas aos materiais compósitos fabricados pelo homem, como os cascos de barcos em fibra de vidro ou o betão armado. Na verdade, não existe um análogo direto para este princípio biológico esquivo nas construções humanas. Mais recentemente, os investigadores tentaram descrever este princípio como sistemas auto-organizadores ou sistemas dinâmicos com propriedades comuns, mas estes ainda não foram identificados.

Os sistemas motores e os circuitos de controlo neuronal estão organizados de forma hierárquica. Pequenas unidades de movimento e de controlo estão interligadas para criar unidades comportamentais maiores. Estas unidades são capazes de se reorganizar e de atuar de forma independente até um certo ponto. Embora os elementos da integração sensório-motora possam ser analisados como sistemas separados e isolados, é importante reconhecer que todos os componentes biológicos de um organismo trabalham em conjunto e muitas vezes desafiam a definição como entidades separadas ou independentes.

### 3.7.2.1 *Fusos musculares e unidades motoras*

O sistema músculo-esquelético e o circuito de controlo motor estão organizados como unidades funcionais independentes, capazes de executar movimentos e de se adaptar às mudanças do ambiente e do corpo. O sistema fuso muscular/unidade motora é um elemento ao nível mais pequeno do sistema. Os fusos musculares, que estão incorporados nos músculos, reagem a alterações na tensão e no comprimento. A sensibilidade dos fusos musculares é adaptada às necessidades actuais do organismo. Os fusos musculares e as unidades motoras estão interligados na medula espinal e formam uma unidade de movimento funcional capaz de se adaptar ao ambiente e de manter uma força constante e uma velocidade de encurtamento em diferentes condições.

### 3.7.2.2 *Músculos e propriocepção*

Os fusos musculares, os músculos a que estão associados, os neurónios motores e os circuitos neurais que os ligam estão normalmente distribuídos por segmentos. A massa de células da medula espinal ou do tronco cerebral associada a um único músculo situa-se normalmente no interior ou estende-se por vários segmentos vizinhos. A biologia do desenvolvimento permitiu, em muitos casos, que os neurobiólogos determinassem a segmentação dos organismos adultos, mesmo quando o padrão de segmentação não é óbvio no adulto, como é o caso dos membros e da maior parte da cabeça. Outras informações sensoriais também são integradas nessas regiões. Por exemplo, os receptores de dor na região em torno de

O músculo, incluindo a pele que o cobre, está diretamente ligado aos neurónios motores, criando um circuito que faz com que o organismo responda diretamente a um estímulo de dor retraindo-se. Outros órgãos sensoriais, como a temperatura, o tato e a pressão, estão igualmente ligados às massas celulares da medula espinal associadas ao segmento ou à região do corpo em questão.

A interconexão dos vários sistemas somatossensoriais com os circuitos motores é frequentemente um facto empiricamente demonstrável, que pode ser comprovado por experiências reflexas e estudos neuroanatómicos. Quase todas as modalidades sensoriais que não têm origem exclusivamente no crânio estão organizadas desta forma, o que significa que os circuitos motores respondem diretamente a muitas condições físicas no músculo e na região que o rodeia. Estas incluem não só a posição, a velocidade e a força, mas também a nocicepção, a pressão, a temperatura, a vibração e todos os outros sistemas sensoriais associados à esfera de influência do músculo e talvez a algumas regiões circundantes. Os investigadores que estudam o controlo motor e o movimento referem-se ao sentido do estado de um componente biomecânico, incluindo a posição, a velocidade e a força, como propriocepção.

### 3.7.2.3 *Circuitos fechados, circuitos abertos e previsibilidade*

Os reflexos baseiam-se frequentemente em elementos muito mais pequenos, como os "circuitos reflexos" individuais dos sistemas de fusos musculares/neurónios motores. O filósofo René Descartes formulou a hipótese de que o circuito reflexo é a unidade funcional básica do sistema nervoso e que todo o comportamento consiste numa combinação de circuitos reflexos semelhantes. Este conceito geral foi mais tarde aperfeiçoado e alargado à medida que os neurobiólogos exploravam o sistema nervoso. As redes neuronais construídas a partir de circuitos reflexos continuam a ser uma forma útil de modelar algumas funções neuronais, embora a maioria dos neurobiólogos não veja qualquer diferença entre a hipótese do circuito fechado e a hipótese do circuito aberto em que a hipótese original de Descartes ainda se baseia[108]. Além disso, a utilidade do modelo é limitada por problemas de computabilidade. Por exemplo, a construção da atividade muscular a partir de fasciculações individuais resultantes da estimulação de um único fuso muscular seria, na melhor das hipóteses, muito exigente para os circuitos de controlo da coluna vertebral e muito difícil de simular com a tecnologia computacional atual.

O estudo do controlo motor e da integração sensorial coloca problemas de previsibilidade tanto para o sistema nervoso central como para o investigador. O sistema nervoso pode organizar elementos de pequena escala com propriedades funcionais independentes de modo a que o sistema se comporte de forma coerente e útil. Isto acontece quer como resultado de propriedades emergentes e não computáveis do sistema, quer como resultado de uma redução da complexidade funcional, normalmente como resultado de propriedades comuns dos pequenos elementos. No caso do sistema de fusos musculares/unidades motoras, uma ou ambas podem ser verdadeiras. Os pequenos elementos podem ser efetivamente somados ou calculados em média, de modo a que surjam propriedades maiores com base no comportamento médio dos elementos mais pequenos, como é provavelmente o caso da nocicepção e do reflexo de retirada. Nalguns casos, as provas empíricas sugerem que os dados sensoriais já estão altamente sintonizados e podem ser mais bem processados pelo sistema nervoso central. Por exemplo, alguns investigadores descobriram que a atividade sensorial proprioceptiva já prevê a posição e a velocidade ao nível dos gânglios da raiz dorsal [108, 138, 144]. Isto significa que a medula espinal controla diretamente a atividade dos sistemas sensoriais em grande medida. Os dados neuroanatómicos mostram um certo controlo centrífugo em todos os sistemas sensoriais estudados. Os dados funcionais do aparelho sensorial mostram um elevado grau de variabilidade e, em muitos casos, propriedades estocásticas que parecem exigir um controlo centrífugo da propriocepção pelo sistema nervoso central. Se não for possível encontrar esses mecanismos do sistema nervoso central para reduzir a complexidade, o investigador deve basear-se em dados empíricos do sistema mais vasto e pode utilizar dados sobre elementos de menor escala para fornecer restrições adicionais à investigação.

3.8 MÓDULOS E COMPONENTES

Experiências com estimulação, microestimulação, neurofarmacologia, ablação, microablação e estudos neuroanatómicos revelaram alguns pormenores surpreendentes sobre a organização do controlo motor na formação reticular do tronco cerebral e da medula espinal. Os investigadores descobriram actividades rítmicas, vectores de força e movimento, agrupamentos musculares sinérgicos e antagónicos e padrões motores específicos de cada espécie que se estendem desde a medula lombar até à formação reticular rostral e, possivelmente, até aos núcleos basais do prosencéfalo[i5, 48, 75, 128]. A formação reticular no tronco cerebral parece ser um elemento-chave neste sistema e é a principal via descendente para os padrões motores[i5, 120, 128].

3.8.1 *Campos de força e primitivos motores, agentes e hólons*

Alguns investigadores descreveram a informação codificada na medula espinal e na formação reticular como campos de força[48, 49]. Neste modelo, diferentes regiões da medula espinhal codificam um campo de força gerado pelos músculos ligados a essa região da medula espinhal. A parte mais caudal da medula espinhal gera campos de força nas regiões caudais em torno do animal, enquanto a medula espinhal rostral gera campos de força em torno das áreas rostrais do corpo. Os campos de força são medidos estimulando áreas da medula espinhal e medindo a força gerada. Este modelo é atrativo porque muitos parâmetros, incluindo informação sensorial como a propriocepção e a nocicepção, podem ser descritos como simples efeitos destes campos de força. Isto conduz a um modelo prático e intuitivo que deriva grande parte do seu esquema da física e da engenharia. Inclui também uma interface simples entre os sistemas neurofisiológicos e biomecânicos. Os campos de força parecem ser a unidade mais pequena de controlo sensório-motor coerente ao nível de todo o comportamento animal. A informação proveniente da medula espinal e da formação reticular pode também ser modelada como campos de força a níveis de organização mais alargados.

Outros investigadores podem referir-se a primitivos ou componentes motores. Por exemplo, um componente motor poderia ser a flexão ou extensão de uma articulação. Todos os músculos que flectem ou estendem a articulação contribuiriam para as primitivas motoras. Ambas as descrições têm problemas semelhantes na captação da atividade ao nível de toda a coluna vertebral e do comportamento ao nível de todo o organismo. O mapeamento destas propriedades para toda a medula espinal conduz a um número tão grande de diferentes tipos de campos de força ou componentes que o problema da previsibilidade rapidamente se torna um problema tanto para o organismo como para o examinador. Além disso, exclui algumas propriedades que podem realmente existir a este nível de escala, tais como combinações de forças musculares variáveis no tempo durante o movimento e padrões rítmicos. Outro problema com esta abordagem é o facto de a organização hierárquica da integração sensório-motora parecer ter muitos "níveis" nesta modelação. Atualmente, a maioria dos investigadores utiliza estes termos como construções teóricas.

Alguns investigadores introduziram o termo holon para descrever os componentes da integração sensório-motora em muitos níveis diferentes de escala. O holon, termo cunhado por Arthur Koestler em "O Fantasma na Máquina", é uma forma de descrever o facto de muitos sistemas biológicos parecerem funcionar tanto como um todo unificado como um conjunto de unidades separadas e autónomas. Um hólon tem propriedades autónomas e faz parte de um elemento maior e indivisível com o seu próprio conjunto de propriedades autónomas, que pode ser ele próprio um hólon. Um conceito relacionado e talvez mais útil que tem sido adotado pelos investigadores é o de agente. O conceito de agente teve origem nas ciências da computação e tem sido utilizado na inteligência artificial e na robótica, para além de aplicações de software mais mundanas. Os agentes têm propriedades autónomas e podem fundir-se com outros agentes e componentes durante a sua atividade ou tornar-se um agente a um nível organizacional mais vasto. A vantagem do modelo de agente é que este pode acomodar vários níveis de organização e permite a aplicação da ciência da computação e da teoria do controlo de sistemas em muitas investigações. Referir-nos-emos a unidades gerais e não especificadas de integração sensório-motora como agentes. As unidades não especificadas da atividade motora são designadas por agentes motores. As unidades mais pequenas da atividade neural, que na maioria das condições são susceptíveis de ser uma construção teórica, são designadas por agentes, geralmente designados por agentes de pequena escala ou agentes de escala mais pequena.

3.8.2  *Tensegridade e metaestabilidade, sinergias musculares e accionamentos pré-motores*

Buckminster Fuller desenvolveu um sistema para a construção de uma estrutura em que todos os elementos de suporte de carga são sujeitos a tensão para suportar a estrutura. Alguns biólogos reconheceram que uma estrutura tensio-regressiva se assemelha ao sistema músculo-esquelético. É claro que a maioria dos animais não se assemelha a estruturas estáticas, especialmente no que diz respeito ao sistema músculo-esquelético. O conceito de metaestabilidade pode ser utilizado para definir estados que são importantes para o controlo neural e a função biomecânica num organismo vivo. A metaestabilidade é um estado do sistema que é mais "estável" do que outros estados do sistema. Para usar uma analogia simples, um sistema metaestável é como uma vassoura equilibrada na ponta de um dedo. Quando a vassoura está equilibrada verticalmente no dedo, o sistema está num estado metaestável, mas não é verdadeiramente estável e requer interação e adaptação constantes para o manter. Um conceito relacionado é a hipótese do ponto de equilíbrio. Neste modelo, as articulações são controladas por músculos agonistas e antagonistas, modelados como ligamentos elásticos. A articulação é movimentada através do ajuste da tensão nos ligamentos elásticos. O ponto de equilíbrio é a posição da articulação onde o movimento pára após o ajuste da tensão. Estas diferentes formas de modelar a biomecânica do comportamento fornecem diferentes pontos de partida para a investigação e podem ser mais ou menos importantes para diferentes tipos de actividades biomecânicas. Isto pode ser importante quando se consideram movimentos balísticos impulsionados pelo recuo elástico dos músculos ou a manutenção de posturas estáveis. A hipótese do ponto de equilíbrio pode ajudar a descrever as propriedades viscoelásticas do músculo durante o movimento. Os campos de força descrevem o sistema músculo-esquelético de tal forma que o controlo pode ser definido a cada nível organizacional do organismo. A metaestabilidade permite considerações sobre o controlo motor e pode descrever as propriedades de partes do sistema nervoso, do sistema músculo-esquelético ou de combinações de ambos os sistemas.

Os investigadores que estudam o movimento de animais comportados reconheceram que a heurística complexa do sistema músculo-esquelético e o controlo neural no sistema nervoso central estão muitas vezes integrados de uma forma que não permite que sejam analisados separadamente, ou seja, como informação incorporada. O conceito de sinergias musculares engloba indiretamente muitas das propriedades biomecânicas que acabámos de referir. As sinergias musculares são definidas como "activações coerentes, espacial ou temporalmente, de um grupo de músculos" [30]. As sinergias musculares presumidas são frequentemente determinadas através da medição do eletromiograma de músculos individuais selecionados durante um movimento. As sinergias são depois extraídas dos dados utilizando vários métodos matemáticos e estatísticos de análise [30, 81, 127, 141]. Os movimentos podem ser medidos durante os movimentos próprios, aprendidos ou intencionais do organismo [127]. Os movimentos podem também ser desencadeados por uma estimulação direta do sistema nervoso, por exemplo, por nervos periféricos, gânglios espinais ou pontos do sistema nervoso central. As sinergias medidas desta forma baseiam-se nas propriedades do sistema nervoso e do sistema músculo-esquelético. As sinergias medidas num comportamento como o lançamento de uma bola de basebol podem basear-se nas propriedades de todo o sistema nervoso central e nas estruturas biomecânicas correspondentes. As sinergias medidas durante a estimulação direta de um gânglio da raiz dorsal baseiam-se principalmente nas propriedades dos gânglios da raiz dorsal e das estruturas biomecânicas. Existem provas a favor e contra as sinergias musculares nos circuitos da medula espinal e da formação reticular[142].

Alguns investigadores utilizaram as explosões de unidades e os impulsos pré-motores como princípio organizador na medula espinal e na formação reticular[58]. Estas unidades de controlo e atividade motora são medidas de uma forma semelhante à extração de sinergias musculares a partir de dados fisiológicos. Neste modelo, a atividade de explosão dos neurónios na medula espinal e na formação reticular medida com eléctrodos é diretamente responsável pelos vectores de força e movimento provocados pela microestimulação na medula espinal e na formação reticular. As explosões de atividade só estão correlacionadas com a atividade muscular quando analisadas como massas de células, pelo que este modelo tem aproximadamente a mesma ordem de grandeza que as sinergias musculares, talvez um pouco menos.

Os investigadores também notaram a capacidade de gerar atividade rítmica neural e muscular, que aumenta rostralmente e é maior na formação reticular [62, 66, 150, 151]. Alguns investigadores levantam a hipótese de que a atividade rítmica se deve aos movimentos rítmicos de natação, respiração e alimentação dos animais aquáticos. De acordo com esta análise, o mecanismo de bombeamento bucal, que é um elemento de lavagem das brânquias e alimentação em animais aquáticos, bem como outras actividades respiratórias e de alimentação associadas aos arcos branquiais, é a base a partir da qual os padrões de mastigação, alimentação e vocalização são derivados[29]. Alguns investigadores demonstraram que muitos padrões motores derivam de actividades rítmicas associadas à vida aquática. Por exemplo, os soluços podem ser simplesmente um padrão motor rudimentar relacionado com o mecanismo de bombeamento bucal, do qual pode derivar a atividade respiratória na formação reticular [139]. Alguns pesquisadores associaram o controle muscular axial à atividade de natação em animais aquáticos [117].

Os investigadores que investigaram o controlo motor espinal na formação reticular e na medula espinal encontraram um núcleo gerador de ritmo na neuropila [15, 75, 128]. Os investigadores demonstraram que os padrões rítmicos codificados na medula espinal e na formação reticular se baseiam frequentemente em propriedades intrínsecas de neurónios individuais ou de pequenas redes de neurónios [75, 120, 143]. Nas lampreias, a formação reticular é a principal via descendente para o controlo motor [120]. Estudos genéticos demonstraram que algumas propriedades oscilatórias dos neurónios na medula espinal são consistentes em populações de neurónios relacionadas com o desenvolvimento[53]. As propriedades rítmicas da formação reticular e da medula espinal podem também estar relacionadas com a conetividade dos neurónios e das populações de células. Duas populações de células que estabelecem conexões recorrentes entre os dois grupos podem formar um circuito que exibe atividade oscilatória após estimulação que tende a ser auto-sustentada. As conexões recorrentes são a regra no tecido do sistema nervoso central. Há muitas formas de ligar os neurónios para gerar essas oscilações.

Todos os neurónios apresentam atividade periódica in vivo, e muitos neurónios necessitam de um certo nível de atividade para se desenvolverem ou mesmo sobreviverem. Esta atividade pode ou não formar um padrão rítmico, um facto que deve ser determinado empiricamente por estudos electrofisiológicos. Numa determinada escala de tempo, todos os neurónios apresentam padrões oscilatórios. Alguns neurónios, como os que estão envolvidos na geração do ritmo circadiano, têm uma atividade oscilatória que é rítmica à escala dos dias. Outros neurónios, como muitas células sensoriais envolvidas na perceção somatossensorial, exibem uma atividade oscilatória que é rítmica apenas na escala de fracções de segundo. O tecido neuronal apresenta uma atividade periódica a nível estrutural, desde os elementos citoarquitectónicos dos neurónios individuais até ao sistema nervoso central completo, que pode ser rítmico em escalas de tempo que vão desde fracções de segundo até ao tempo de vida do organismo. A atividade oscilatória e rítmica dos neurónios tende a propagar-se a partir de qualquer ponto da formação reticular e da medula espinal. A capacidade de gerar padrões de disparo rítmico previsíveis e de propagar a atividade oscilatória é maior rostralmente e ventralmente e é mais pronunciada na formação reticular [62, 66, 150, 151]. Diferentes padrões de disparo rítmico podem ser gerados na medula espinhal e na formação reticular de várias maneiras. A velocidade ou a força de alguns padrões motores podem simplesmente aumentar com um nível geral de atividade mais elevado na neuropila [16].

As alterações no nível médio de atividade nas redes da medula espinal e da formação reticular podem estar associadas a diferentes padrões motores, como a natação e o contorcer-se nos girinos[135]. A alteração da ordem de ativação das populações de neurónios na formação reticular e na medula espinal pode alterar o padrão rítmico que é gerado e transmitido na coluna motora. Os compostos neuromoduladores, como muitos dos que utilizam a 5HT e a serotonina como neurotransmissores, podem alterar as propriedades oscilatórias intrínsecas dos neurónios ou das populações de neurónios para selecionar outros padrões rítmicos ou modificá-los[15, 128]. Todos esses mecanismos estão presentes na medula espinhal e na formação reticular, e outros podem ser descobertos.

### 3.9.1 O ritmo de vida

O principal gerador de atividade rítmica ao nível de todo o organismo é a formação reticular. A formação reticular está envolvida em actividades rítmicas em diferentes escalas temporais que podem afetar direta ou indiretamente as actividades rítmicas no tecido neuronal da medula espinal e do tronco cerebral. Estas incluem os movimentos oculares, como o pestanejar e os movimentos sacádicos, a respiração, o controlo cardiovascular e as alterações de atividade relacionadas com o ritmo circadiano.

A formação reticular está sempre ativa durante a vida de um vertebrado e mantém ritmos constantes associados à vida. Em muitos comportamentos, a formação reticular é um elemento essencial na geração do padrão motor. A indução de certos padrões rítmicos de atividade na formação reticular pode ser suficiente para desencadear alguns padrões de movimento específicos da espécie. É possível que certas frequências de estimulação tetânica de toda a formação reticular ou de uma população de células dentro da formação possam desencadear certos padrões motores, como os movimentos de alimentação.

### 3.9.2 Uma doença da coluna vertebral

A formação reticular e a medula espinal podem ser modeladas como uma máquina de estados. De certa forma, a medula espinal pode comportar-se como se tivesse dois estados, um que gera padrões de atividade rítmica com origem no núcleo rítmico e outro que gera agentes motores[i5, 75, 128]. Outras definições de estados na medula espinhal e na formação reticular poderiam representar diferentes padrões motores que podem ser gerados, como andar ou nadar. O tecido neural pode comportar-se como uma máquina de estados a vários níveis. As sinergias musculares e as acções pré-motoras podem ser um exemplo de estados a uma escala diferente. Em alguns casos, os neurónios podem funcionar como máquinas de estados, por exemplo, gerando explosões periódicas ou oscilações contínuas. Também é possível que certos padrões de atividade dependam de uma alternância contínua entre estados do tecido neural, que podem ser tipicamente modelados como estados discretos, funcionando efetivamente como uma máquina de estados com um número infinito de estados. Nestes casos, os investigadores devem evitar modelar os componentes biológicos como uma máquina de estados.

### 3.9.3 Coro e caos

Uma propriedade geral do tecido neuronal na formação reticular e na medula espinhal é que o recrutamento de neurónios e o acoplamento entre populações de neurónios depende do nível de atividade no tecido [49, 95]. A um nível de atividade considerado elevado para um organismo intacto, o tecido comporta-se como uma rede única e coerente, o acoplamento e o recrutamento de neurónios são muito elevados e são gerados padrões de movimento rítmicos e específicos da espécie. Em níveis de atividade muito baixos, quase quiescentes, os neurónios apresentam padrões periódicos de explosão que parecem ser rítmicos ou estocásticos. Como já foi referido, os ritmos codificados podem ser alterados e selecionados de várias formas, desempenhando a formação reticular frequentemente um papel fundamental. Muitos destes mecanismos, particularmente a neuromodulação, podem alterar a taxa de acoplamento e recrutamento entre os neurónios em áreas individuais da medula espinal e a formação reticular.

Com um acoplamento e recrutamento muito baixos, são gerados pequenos agentes motores. Os agentes que representam pequenas unidades de atividade, por exemplo, pequenas fasciculações do fuso muscular/sistema de unidades motoras, são organizados em primeiro lugar. medida que o grau de acoplamento e recrutamento aumenta, são recrutados novos agentes motores, que são frequentemente compostos parcialmente por agentes motores mais pequenos, como os campos de força. À medida que o acoplamento e o recrutamento aumentam, são gerados accionamentos pré-motores, sinergias, componentes de padrões de movimento rítmico e outros agentes motores de nível superior. Ao mais alto nível de acoplamento e recrutamento, são geradas sequências rítmicas inteiras, como os padrões de movimento de andar, nadar, acasalar e cuidar.

Existem três métodos possíveis para gerar padrões motores a partir deste sistema:

1. Uma possibilidade é simplesmente iniciar padrões rítmicos codificados na formação reticular e na medula espinhal. Os padrões rítmicos podem ser adaptados através da alteração das propriedades rítmicas intrínsecas de toda ou parte da rede. Estes mecanismos e adaptações podem, por exemplo, transformar um padrão de natação linear num padrão de natação circular.

2. Outra possibilidade é a combinação de padrões rítmicos individuais para gerar um novo padrão rítmico. Esse mecanismo poderia gerar padrões de movimento que se situam entre dois padrões de movimento codificados na medula espinhal e na formação reticular. Por exemplo, poderia gerar um padrão de movimento que se situa entre a natação e a marcha, ou poderia reorganizar padrões de movimento para derivar um ritmo do padrão básico e, assim, gerar locomoção para trás.

3. A última possibilidade é a dissociação completa e a desconstrução dos padrões de movimento da coluna vertebral em pequenos agentes motores, que são depois recombinados por tecido neural fora da medula espinal e da formação reticular para criar um novo padrão de movimento. Este parece ser o caso do movimento dos dedos humanos, que é controlado por vias descendentes a partir do cérebro[81].

Todos estes mecanismos estão presentes na medula espinal e na formação reticular dos vertebrados em que foram procurados. Exemplos neuroanatómicos específicos destas caraterísticas são frequentemente conservados de forma altamente filogenética.

3.9.4 *Cantar o Corpo Bioelétrico*

Imagine que a medula espinal e o sistema nervoso contêm um vasto grupo de músicos, cada um dos quais possui uma grande biblioteca de literatura musical que inclui muitos ritmos motores únicos. A biblioteca musical representa os muitos padrões de atividade organizada que podem ser gerados no tecido neural. Em alturas diferentes, os músicos podem tocar notas isoladas e trechos de música improvisada, ou podem organizar-se para uma curta atuação e tocar uma pequena melodia ou parte de uma peça musical. O maestro, que se encontra na formação retina, pode dar instruções aos músicos para tocarem composições inteiras ou combinarem elementos da vasta biblioteca de literatura musical para criarem uma nova peça de música. Um compositor ou solista numa área fora da medula espinhal e da formação reticular pode criar um novo arranjo musical ou acrescentar um novo instrumento à música da vida na medula espinhal e na formação reticular.

## 3.10 GERADORES DE AMOSTRAS

Os investigadores no domínio da integração sensório-motora referem-se frequentemente aos geradores de padrões para os elementos comportamentais nos vertebrados. O conceito de gerador de padrões é uma construção geral que pode ser aplicada à integração sensório-motora a muitos níveis. A aplicação dos geradores de padrões é semelhante à dos agentes, embora não se destinem a modelar funções de nível muito baixo, como os agentes podem fazer. Os padrões podem ser padrões arbitrários de atividade, tais como ritmos variáveis no tempo ou um estado representado pelos níveis de ativação dos neurónios numa rede que é independente do tempo. Os sistemas sensoriais e os sistemas de controlo motor estão diretamente ligados e a atividade dos sistemas sensoriais é controlada pelo sistema nervoso central com base nas actividades actuais do organismo. Por conseguinte, podemos falar de geradores de padrões sensório-motores, que produzem um padrão que controla a atividade dos sistemas sensoriais, por exemplo, os sistemas envolvidos na propriocepção, integra os dados sensoriais e gera simultaneamente padrões de controlo motor.

Para muitos padrões, pode falar-se de um gerador central de padrões, ou seja, uma estrutura que inicia a geração de padrões para o padrão. O gerador central de padrões para um componente comportamental pode ou não estar localizado em pequenas regiões do sistema nervoso central. Por exemplo, o gerador central de padrões para a atividade respiratória está localizado na formação reticular do tronco cerebral [29, 151], ao passo que o gerador central de padrões para a atividade locomotora e de marcha está distribuído por uma grande parte da medula espinal [75, 78, 49, 128, 143].

Os geradores de padrões para o controlo da atividade muscular podem frequentemente ser identificados e localizados e são referidos como geradores de padrões motores. Por exemplo, os geradores de padrões motores para o movimento dos membros posteriores em vertebrados do filo dos tetrápodes estão localizados na extensão lombar [48, 143]. Os geradores de padrões motores para o movimento dos membros anteriores estão localizados na extensão cervical [49, 75, 128, 143]. Os geradores de padrões motores para os músculos do olho, mandíbula, língua e parte do pescoço estão localizados no tronco cerebral [2, 34, 88, 109]. Os padrões motores vestibulares, que muitas vezes envolvem músculos de todo o organismo e estão associados a sensações dos órgãos vestibulares do ouvido interno, também são gerados aqui. Nas rãs, os padrões motores da mandíbula e da língua para a procura de presas são gerados na formação reticular e talvez em algumas estruturas próximas do tronco cerebral [1, 7, 2, 109]. Em geral, os componentes comportamentais mais pequenos têm geradores de padrões mais pequenos e mais localizados.

Os padrões e os geradores de padrões são elementos putativos da função e do comportamento neurais que emergem de uma forma logicamente trivial a partir dos dados recolhidos. Uma das caraterísticas deste tipo de raciocínio é que, em alguns casos, conduz a afirmações disparatadas mas obviamente verdadeiras. Por exemplo, se considerarmos toda a atividade motora durante o tempo de vida de um organismo como um padrão, o gerador central de padrões para a atividade eletroquímica dos neurónios motores como um grupo abrangente é o sistema nervoso central. Para componentes mais pequenas do comportamento e do movimento, o gerador central de padrões envolve normalmente muito menos tecido neuronal. A construção do gerador de padrões foi criada para abordar questões de complexidade, como a computabilidade, e é uma das ferramentas úteis para o desenvolvimento de modelos de integração sensório-motora. A construção do gerador de padrões permite a utilização de diferentes modos descritivos, tais como campos de força, sinergias, impulsos pré-motores e ritmos no mesmo modelo de integração sensório-motora.

### 3.10.1 *Controlo: Direto, Direto Adaptativo e Indireto Adaptativo*

Na sequência da engenharia de sistemas e da conceção de sistemas, muitos investigadores identificaram alguns mecanismos de controlo possíveis no sistema nervoso central com base na teoria do controlo de sistemas. Os tipos de controlo possíveis podem ser ilustrados comparando-os com o controlo de um sistema de ar condicionado. Se o sistema de ar condicionado tiver de ser ativado manualmente, trata-se de um controlo direto. Se um termóstato ligar e desligar o ar condicionado em função de um limiar de temperatura, o sistema utiliza o controlo adaptativo direto. Se o ar condicionado for controlado por um dispositivo que o desliga em determinadas alturas do dia, por exemplo quando não é necessário porque o ocupante da habitação está ausente, e se for utilizado um termóstato para controlar o ar condicionado noutras alturas, o sistema utiliza o controlo adaptativo indireto[140].

Uma coisa que é imediatamente evidente a partir deste raciocínio é que o controlo adaptativo em sistemas sensório-motores é frequentemente implementado numa escala muito pequena. Por exemplo, o sistema fuso muscular/unidade motora é um exemplo de controlo adaptativo direto em pequena escala. Outro ponto é que o controlo adaptativo indireto requer um "modelo interno"[152]. O aparelho de ar condicionado que se desliga automaticamente ou é controlado por um termóstato requer um modelo que inclua o tempo. Pode parecer que o termóstato tem um modelo de temperatura. No entanto, um modelo interno não interage diretamente com o sensor de temperatura nem com o aparelho de ar condicionado. Os modelos internos são internos porque não têm uma ligação direta com o mundo exterior. O modelo interno de um padrão sensório-motor pode ser parcialmente codificado em tecidos fora do sistema nervoso, ou seja, através da incorporação. Para ser um modelo interno, a informação codificada pela incorporação não deve interagir diretamente com o aparelho biomecânico ou com os sistemas sensoriais.

Os modelos internos podem ser utilizados de diferentes formas. Consideremos uma rã que apanha uma presa em movimento. Um modelo interno pode permitir ao sistema sensório-motor estimar a posição e a velocidade da presa, de modo a que a rã possa atingi-la com a língua em pleno voo. O modelo interno também prevê o estado futuro do aparelho biomecânico, de modo a que a posição da língua e da presa possa ser prevista em diferentes momentos do movimento. Estes modelos internos são designados modelos internos avançados. Também são possíveis modelos internos inversos. Um modelo interno inverso pode ser utilizado para prever os padrões motores necessários para levar o sistema sensório-motor a um determinado estado, por exemplo, o padrão motor necessário para atingir o ponto final de um movimento. Podem prever a estimulação sensorial que um sistema sensório-motor deve receber com base num estado atual. Isto pode permitir que um sistema sensório-motor utilize informações estatisticamente exactas dos sistemas sensoriais pouco antes de estas serem efetivamente recebidas.

Há muitas provas da existência deste tipo de mecanismo de controlo no comportamento animal. A teoria do controlo dos sistemas e as questões de complexidade sugerem que tais mecanismos são muito prováveis, mesmo que não descrevam completamente a integração sensório-motora nos vertebrados. Os padrões de atividade rítmica codificados na medula espinal e na formação reticular representam, de certa forma, um modelo interno das propriedades biomecânicas do organismo. O sistema fuso muscular/unidade motora, que é utilizado como meio motor para controlar um músculo, é um exemplo claro de controlo adaptativo direto. O conceito de incorporação sugere que os modelos internos também podem ser parcialmente instanciados nos tecidos complexos de um organismo.

### 3.10.2  *Propriedades emergentes*

O conceito de propriedades emergentes adquiriu ocasionalmente um carácter místico nos últimos anos. Isto resulta geralmente de afirmações filosóficas retiradas do contexto, de tentativas de aplicar a teoria das propriedades emergentes de uma forma inadequada ou da utilização da teoria das propriedades emergentes de uma forma que carece de poder explicativo (ver Apêndice D). A forma como as propriedades emergentes surgem é, por definição, inconcebível, tal como o conceito de infinito é inconcebível. Há muita confusão sobre o contexto teórico a partir do qual surgiu o conceito de propriedades emergentes. Que as propriedades emergentes são possíveis é um facto que pode ser provado usando métodos da lógica, da matemática e da ciência da computação. Por definição, a existência de propriedades emergentes no universo só pode ser refutada por dados empíricos, não provada. As propriedades emergentes são propriedades de alguns, mas não de todos, os sistemas dinâmicos.

Muitos sistemas que parecem ter propriedades emergentes são efetivamente sistemas dinâmicos não lineares, mas nem todos os sistemas dinâmicos não lineares têm propriedades emergentes. Alguns destes sistemas podem muito bem ser praticáveis, desde que se disponha dos conhecimentos adequados. Entre as propriedades emergentes estudadas contam-se a dependência de variações infinitesimais das condições iniciais, a auto-similaridade infinita e a complexidade infinita ou caos. Nenhuma destas propriedades pode ser provada matematicamente para um determinado sistema de equações, mas podem ser estimadas utilizando métodos da matemática e da informática. Os sistemas que obviamente exibem estas propriedades incluem

- As equações de Lorenz, que foram originalmente desenvolvidas para modelar o clima e o tempo, são altamente dependentes das condições iniciais da simulação
- Fractais como o conjunto de Mandelbrot, que parecem demonstrar uma auto-similaridade infinita
- O conjunto de equações que descrevem dois pêndulos em interação que parecem demonstrar uma complexidade infinita ou caos.

### 3.10.2.1  *Propriedades emergentes em biologia*

As propriedades emergentes estáveis podem surgir espontaneamente de outras propriedades do sistema biológico sem afetar significativamente a aptidão de um organismo. Uma vez presentes e mantidas de forma estável, os mecanismos de seleção natural e de adaptação podem levar à interação do organismo ou dos seus sistemas com esta propriedade. Os tapetes bacterianos são um exemplo de tais propriedades na natureza. Os tapetes bacterianos são tapetes quase auto-sustentáveis constituídos por várias espécies de organismos unicelulares que vivem em conjunto. Como uma pequena e relativamente autossuficiente ecosfera, o tapete bacteriano pode exibir propriedades que não podem ser previstas a partir de uma única célula ou de uma pequena colónia. No entanto, uma vez formado o tapete, os organismos podem adaptar-se para interagir com quaisquer propriedades emergentes estáveis de forma a aumentar a sua aptidão quando vivem no tapete bacteriano. Naturalmente, este processo só se aplica a propriedades emergentes estáveis e comuns que tenham, pelo menos, uma probabilidade razoável de ocorrer.

As propriedades emergentes podem ajudar a explicar como é que o tecido neuronal, em alguns casos, consegue lidar com uma complexidade incrível e uma elevada dimensionalidade. Podem também explicar como é que alguns sistemas podem ter evoluído e porque é que, em muitos casos, não parecem utilizar os mecanismos mais eficientes. Tomemos, por exemplo, um hipotético vertebrado aquático que se move com movimentos únicos, como uma única batida da cauda. Inicialmente, o organismo não gera atividade rítmica neural e muscular, mas, a dada altura da sua evolução, surge uma atividade oscilatória auto-sustentada como propriedade emergente do tecido neural e muscular. Esta propriedade emergente é relativamente estável e não é afetada por pequenas alterações no genótipo ou no fenótipo do organismo. Inicialmente, esta caraterística não afecta significativamente a aptidão do organismo, que pode ocasionalmente ter espasmos e contorcer-se. Eventualmente, devido às pressões da seleção natural, como a necessidade de evitar predadores ou de encontrar uma fonte de alimento escassamente distribuída, o organismo desenvolve alguma organização e controlo destas propriedades rítmicas e estas são incorporadas na geração de padrões motores de natação rítmica que aumentam significativamente a aptidão do animal. Embora possam existir outros mecanismos mais eficientes para gerar padrões de natação rítmica, é muito pouco provável que estes evoluam. Há várias razões para este facto. As alterações que afectam os padrões rítmicos de locomoção são agora uma adaptação necessária do organismo. Qualquer perturbação no sistema poderia reduzir drasticamente a mobilidade do organismo ou mesmo torná-lo imóvel. Pode não haver uma evolução razoavelmente provável de fenótipos que levem a uma geração mais eficiente de padrões rítmicos. Por fim, a propriedade recém-surgida da atividade rítmica e auto-sustentada pode ser extremamente rara e dificilmente reaparecerá. Este exemplo hipotético não é realista, mas destina-se a ilustrar como as propriedades emergentes podem ser integradas nas funções neuronais e algumas das potenciais limitações dos sistemas organizados desta forma.

## 3.11 UM DRAGÃO SEM CABEÇA

Como já foi referido, o gerador central de padrões para um determinado padrão sensório-motor pode ou não estar altamente localizado. O gerador de padrões para a alimentação lingual está quase de certeza localizado na formação reticular do tronco cerebral[i, 7, 2,109]. É também possível que o gerador central de padrões para certos padrões sensório-motores envolva a atividade simultânea de componentes distribuídos pelos tecidos do organismo. É até possível, embora provavelmente improvável, que a atividade simultânea de uma grande parte do sistema nervoso actue como gerador do padrão central de um determinado padrão sensório-motor. Questões de complexidade como as propriedades emergentes, a computabilidade e os modelos realistas de controlo tornam estas questões menos desconcertantes do que parecem (ver Apêndice E).

A medula espinal e a formação reticular parecem ser capazes de gerar a maioria e talvez todos os padrões motores numa espécie de vertebrado. As grandes estruturas cerebrais rostrais em muitos vertebrados, por exemplo, mamíferos e aves, parecem indicar a importância para a aptidão e a função destes organismos. Foi levantada a hipótese de que o cerebelo é crucial para a organização de padrões motores complexos a partir de agentes motores no tronco cerebral e na medula espinal. No entanto, a ablação do cerebelo permite uma função motora suave em muitos organismos. Em *Lithobates pipiens*, a remoção do cerebelo não parece afetar o comportamento alimentar normal (CW Anderson, observação pessoal). Foi também levantada a hipótese de o cerebelo ser crucial para a aprendizagem motora. No entanto, a aprendizagem motora foi demonstrada no tronco cerebral [3, 4, 54, 69, 74, 114, 118]. Mecanismos relacionados com a aprendizagem foram mesmo observados na medula espinal [43, 50, 51, 55]. Como mencionado acima, algumas estruturas podem estar envolvidas na decomposição de agentes motores para que novos ritmos e padrões possam ser derivados. Há provas claras deste facto no movimento dos dedos humanos, que são em grande parte controlados por vias descendentes a partir do cérebro. As sinergias musculares para os movimentos dos dedos humanos não podem ser extraídas estatisticamente, como é o caso para muitos outros movimentos[8i]. Sabe-se que as vias descendentes do cérebro são necessárias para o controlo preciso de cada dedo. A atividade no mesencéfalo tende a excitar a formação reticular e a medula espinal, pelo que o mesencéfalo pode servir para definir o estado da formação reticular e da medula espinal ou iniciar o padrão de ativação que se propaga ao longo da coluna motora.

Como já foi referido, existem três formas básicas de gerar os padrões de ativação rítmica do movimento:

1. desencadeando ritmos intrínsecos ou ligeiramente modificados da formação reticular e da medula espinal
2. misturando ritmos e pequenos componentes de ritmos para formar ritmos derivados ou situados entre um ou mais padrões rítmicos diferentes
3. decompondo os circuitos espinais em componentes motores e formando um padrão motor totalmente derivado.

No entanto, devido à complexidade acima mencionada, é extremamente improvável que as estruturas fora da medula espinhal e da formação reticular decomponham completamente os padrões motores nos menores agentes motores possíveis e gerem novos padrões motores a partir desses agentes. É evidente que as estruturas fora da formação reticular e da medula espinal funcionam quase exclusivamente através da modulação da atividade destas importantes estruturas neuronais e não geram elas próprias os padrões de atividade diretamente associados ao controlo motor.

## 3.12 Esquemas e diagramas

Os modelos baseados em esquemas foram originalmente desenvolvidos para o estudo dos processos cognitivos e de aprendizagem e são muito semelhantes aos modelos baseados em quadros utilizados na construção dos primeiros sistemas periciais[61]. Estes modelos são muito flexíveis e são utilizados em muitas áreas, incluindo a robótica e a inteligência artificial[10]. Os modelos baseados em esquemas aplicados à integração sensório-motora são modelos de caixa negra de alto nível capazes de unificar os elementos, por vezes muito diferentes, que são importantes para um determinado comportamento ou investigação. Por exemplo, podem incluir agentes importantes de baixo nível, bem como padrões de alto nível, mecanismos de controlo e modelos internos.

Este modelo poderia ajudar os investigadores a explicar a flexibilidade e a resiliência do comportamento de captura de presas nos anuros. Muitas experiências de ablação e mesmo cirurgias que envolvem alterações extremas do aparelho de controlo biomecânico e neural da alimentação parecem deixar o comportamento alimentar relativamente inalterado[26]. Podem também permitir o estudo de processos que, de outro modo, seriam difíceis de abordar pelo investigador, como os que dependem de questões de complexidade. Quando se utilizam modelos baseados em esquemas, o comportamento ou a atividade a modelar é dividido em elementos denominados esquemas. Um esquema contém uma lista de entradas e saídas para diferentes sistemas, incluindo outros esquemas. Contém também uma lista de variáveis internas e componentes comportamentais. Por exemplo, a alimentação da língua e o pré-tensionamento da mandíbula podem ser representados por dois esquemas. Os inputs incluem informação visual, olfactiva e proprioceptiva. As saídas podem incluir ligações a agentes, padrões e outros esquemas, como a locomoção ou o acasalamento. Os comportamentos seriam a pretensão da língua ou da mandíbula durante a alimentação. As variáveis podem incluir diferentes estados, como a saciedade ou os níveis de atividade sazonal[107]. Os dois esquemas para a inclinação da fala e da mandíbula dependeriam de outros elementos nas suas listas de entrada e saída, incluindo outros esquemas, agentes e padrões motores. Por exemplo, ambos poderiam estar associados a um esquema ou padrão motor para a abertura da mandíbula que é similarmente composto ou dependente de outros elementos. O esquema de audição da fala ligar-se-ia a um esquema, padrão motor ou agente que estivesse envolvido na atividade da língua durante a audição da fala.

Alguns investigadores que estudam a alimentação em anuros utilizaram um modelo baseado em esquemas para estudar o comportamento adaptativo de captura de presas em anuros. Este modelo faz parte do projeto Rana Computatrix [9, 26, 27]. O Rana Computatrix é uma tentativa de desenvolver uma simulação do comportamento de rãs e sapos baseada principalmente em modelos puramente descritivos. O modelo contém elementos para modelar rãs e sapos a muitos níveis de estrutura e organização. Embora a teoria, a prova e a aplicação de tais modelos sejam muitas vezes difíceis de compreender para o biólogo, tal não é frequentemente o caso quando se organizam os dados de um determinado estudo nos elementos do modelo.

# Parte 2

# CAPÍTULO 4 MATERIAIS E MÉTODOS

## CONCEPÇÃO EXPERIMENTAL

### 4.1  Utilização de animais

#### 4.1.1  *Metanossulfonato de tricaína*

O metanossulfonato de tricaína, também conhecido como MS-222, é um análogo da benzocaína e actua como anestésico e sedativo. O MS-222 foi misturado a uma taxa de 1 g por 1 litro de água purificada NANOpure™. Foi adicionado 1 g de bicarbonato de sódio à solução para obter um pH aproximadamente neutro[47]. A solução descolora-se rapidamente e torna-se ineficaz quando é utilizada. A refrigeração prolonga consideravelmente o prazo de validade da solução. Os animais imersos na solução ficam imobilizados durante várias horas.

Pensava-se anteriormente que o MS-222 interferia com o transporte de sódio nos anfíbios, podendo afetar a função nervosa de forma imprevisível e ter efeitos duradouros na função do sistema nervoso central[136]. No entanto, este não parece ser o caso nas condições observadas. As rãs que são profundamente anestesiadas com MS-222 tendem a perder massa corporal após o tratamento devido à perda de água. No entanto, a perda de peso corporal não é significativamente maior do que as flutuações no peso corporal devido à perda ou ganho de água em condições normais nos animais testados. A perda de água não se deve a uma perturbação do transporte de sódio, mas ao metabolismo muito reduzido dos animais anestesiados, que afecta algumas funções de órgãos e tecidos, em especial no sistema renal[ioi]. A garantia de que os tecidos de anfíbios anestesiados são mantidos húmidos ou parcialmente submersos e arejados reduzirá a perda de água em todo o animal e, possivelmente, em preparações de tecidos inteiros. A perda de água que ocorre em animais inteiros não parece afetar os resultados experimentais nas condições observadas. Por exemplo, a anestesia do animal até à imobilização não parece produzir resultados diferentes dos obtidos com a anestesia do animal durante 10 minutos aquando da marcação com aminas dextranas fluorescentes (CW Anderson, observação pessoal), embora possa ser necessária uma verificação em estudos específicos. O tratamento prolongado com MS-222 pode resultar numa perda significativa de água, que poderia afetar o tecido neural apenas por desidratação. Os animais não foram submersos durante mais de 15 minutos. O MS-222 é um depressor do sistema nervoso central que sedimenta os animais durante períodos prolongados[62]. As experiências devem ser concebidas tendo em conta este facto.

#### 4.1.2  *Intervenções cirúrgicas*

Os animais foram mantidos vivos durante 3 a 14 horas após a operação. Devido à curta esperança de vida pós-operatória dos animais, não foi necessária a administração de antibióticos pré e pós-operatórios ou a monitorização rigorosa dos sinais vitais[4/].

##### 4.1.2.1  *Marcação neuroanatómica*

Para algumas experiências olfactivas, o nervo olfativo foi exposto através da abertura de uma aba que se estende caudalmente a partir da crista caudal das costelas. Para expor a retina, o olho foi enucleado, deixando a ocular intacta. O nervo ótico pode ser localizado com precisão e injetado raspando a retina para fora da cavidade ocular. O nervo olfativo ou o nervo ótico também podem ser expostos e transeccionados, e os cristais podem ser introduzidos diretamente no segmento nervoso proximal.

##### 4.1.2.2  *Preparações in vitro*

As preparações in vitro do sistema nervoso central dos anuros podem ser mantidas viáveis durante vários dias em contentores para anfíbios refrigerados e ventilados[85]. No presente estudo, foram utilizadas preparações de tecidos inteiros da cabeça e da parte superior da espinal medula.

Os animais a utilizar nas experiências in vitro foram profundamente anestesiados e decapitados por imersão em MS-222 durante dez minutos. O plexo coroide do tronco cerebral foi exposto, deixando intacto o tecido circundante, para criar uma câmara aberta que conteria a sulforhodamina 101, também conhecida por SR101. A coroide foi removida com uma pinça para expor o tecido subjacente. Os espécimes foram mantidos vivos durante 3-4 horas e depois colocados em paraformaldeído a 3% para fixar o tecido.

### 4.1.2.3 *Eutanásia*

Os animais foram imersos em MS-222 durante 15 minutos e depois decapitados. O cérebro foi exposto e a substância pia que cobre a parte superior foi removida ou aberta desde a parte superior da espinal medula até ao prosencéfalo. A cabeça foi então colocada em formaldeído e fixada.

### 4.2 ROTULAGEM NEUROANATÓMICA

### 4.2.1 *Neurobiotina*™.

A neurobiotina é um derivado da biotina ou vitamina B7[67]. A neurobiotina é rapidamente transportada nos neurónios, tanto por via anterógrada como retrógrada. A neurobiotina é rapidamente absorvida pelos neurónios e atravessa as sinapses, de modo que todos os neurónios são marcados numa via de sinalização.

A neurobiotina não é visível ao microscópio. A visualização baseia-se na afinidade extremamente elevada da avidina pela biotina. A avidina é uma grande glicoproteína que foi originalmente isolada da gema de ovo crua e pode ligar-se até quatro moléculas de biotina. O método do complexo avidina-biotina (ABC) utiliza um complexo de biotina, avidina e uma molécula repórter, como a peroxidase, a fosfatase alcalina ou a glucose oxidase. A molécula repórter é geralmente uma enzima que provoca uma mudança de cor num cromogénio e cora a amostra.

Um método comum para visualizar a neurobiotina utiliza a diaminobenzidina (DAB) como cromogénio e cora o tecido de preto [132]. A duração da fase de visualização com DAB pode ser ajustada para controlar o grau de coloração e a qualidade das imagens de microscopia. O tempo para o tratamento com DAB e possivelmente outras etapas, como a permeabilização do tecido, depende da consistência do tecido e da espessura das secções. Os tempos exactos de processamento para a visualização da neurobiotina devem ser determinados experimentalmente. São frequentemente semelhantes para diferentes regiões do sistema nervoso central de uma determinada espécie e para a mesma concentração de neurobiotina. Os tempos podem ser determinados a partir de uma única amostra, dividindo as secções preparadas em lotes e processando os lotes durante diferentes períodos de tempo. As secções podem então ser analisadas num microscópio de investigação para determinar o tempo de processamento ideal. A neurobiotina pode ser utilizada para criar um registo relativamente permanente.

### 4.2.2 *Dextranos*

Os dextranos são polissacáridos complexos ramificados constituídos por moléculas de glucose. São hidrofílicos e altamente solúveis em água. Os dextranos foram originalmente extraídos de bactérias como a *Leuconostoc mesenteroides* e estão atualmente disponíveis numa vasta gama de fornecedores em muitos tamanhos diferentes. Os dextranos são indigestos, relativamente não tóxicos e biologicamente inertes para os animais. Os dextranos utilizados como marcadores neuroanatómicos são capazes de preencher os neurónios de forma uniforme e completa e podem elucidar pormenores estruturais finos do neuropiloto marcado[155].

### 4.2.2.1 *Conjugações*

Os dextranos utilizados no rastreio neuroanatómico são conjugados com resíduos de lisina. Os resíduos de lisina fazem com que os dextranos sejam imobilizados em tecidos fixos por conjugação com as biomoléculas circundantes. Os dextranos conjugados com resíduos de lisina são conhecidos como aminas dextrânicas.

As aminas de dextrano podem ser conjugadas com uma variedade de moléculas para visualização. A conjugação com fluoróforos permite uma rápida preparação e visualização das amostras. A microscopia de fluorescência consegue distinguir melhor uma marcação fraca e produz geralmente um melhor contraste entre as estruturas marcadas do que a microscopia ótica tradicional. A microscopia de fluorescência é capaz de reconhecer circuitos complexos em regiões densamente marcadas.

Os dextranos fluorescentes também podem ser utilizados em experiências de marcação dupla. Nestas experiências, as aminas dextranas fluorescentes com diferentes espectros de emissão são aplicadas em diferentes locais do animal, o que permite a visualização simultânea de várias vias nervosas. As aminas dextranas fluorescentes desvanecem-se normalmente em apenas duas semanas.

As dextranaminas são também frequentemente conjugadas com neurobiotina. A neurobiotina-dextranamina pode muitas vezes ser utilizada para elucidar pormenores mais finos nos neurónios. É possível efetuar um registo relativamente permanente com a neurobiotina-dextranamina[121]. A neurobiotina e a neurobiotina-dextranamina podem ser combinadas com marcadores fluorescentes. O processo de visualização da neurobiotina não é compatível com a marcação fluorescente, pelo que a visualização da neurobiotina deve ser efectuada após exame com microscopia de fluorescência.

### 4.2.2.2 *Transporte de aminas dextranas nos neurónios*

Os marcadores de amina dextrano são geralmente utilizados com um peso molecular de 3kDa e 10kDa. Ambos marcam projecções anterógradas e retrógradas. No entanto, a marcação é maior anterógrada com aminas dextrano de 10 kDa e retrógrada com aminas dextrano de 3 kDa[155].

As moléculas conjugadas com aminas de dextrano para visualização, como os fluoróforos ou a neurobiotina, podem influenciar a taxa global de transporte, bem como as taxas relativas de transporte anterógrado e retrógrado[147], embora haja desacordo sobre este ponto[45]. Pensa-se que os dextranos preenchem as células principalmente por difusão[45]. O transporte preferencial anterógrado e retrógrado de várias formas de amina dextrano conjugada sugere uma interação com os mecanismos de transporte celular ou

o movimento do citoplasma[147], embora também haja desacordo sobre este ponto.

Os dextranos de 10 kDa conduzem geralmente à marcação pormenorizada de uma grande parte da citoarquitectura, mesmo que não consigam marcar os neurónios com a mesma facilidade. Os dextranos de 3kDa podem também permitir uma marcação pormenorizada e requerem metade a um terço do tempo de transporte. No entanto, as aminas do 3kDa-dextrano, a marcação anterógrada e as distâncias de transporte muito longas podem conduzir a uma marcação granular[147].

O transporte diferente das aminas dextrânicas de 3kDa e 10kDa parece ser uma propriedade útil para distinguir entre compostos eferentes e aferentes. No entanto, a elevada variabilidade dos tempos de transporte e da direccionalidade das mesmas aminas dextrânicas em diferentes neurónios e as diferentes formas conjugadas de dextrano impedem-no normalmente. Na prática, as aminas dextrânicas 10kDa e 3kDa são utilizadas indistintamente e selecionadas para maximizar a qualidade das imagens de microscopia produzidas. As técnicas de fluorescência mais recentes, como a administração de uma mistura de dextrano amina conjugada com tetrametilrodamina e Fluoro-Gold™[147] ou a utilização de uma mistura do marcador de carbocianina DiI com um marcador retrógrado primário como o Fluoro-Gold, possivelmente em combinação com a redução de fundo utilizando sulfato de cobre[145], permitem aos investigadores fornecer provas de conetividade aferente ou eferente.

4.2.2.3 *Determinação do tempo ótimo de transporte das aminas de dextrano*

A velocidade de transporte das aminas dextranas varia frequentemente entre diferentes formas de aminas dextranas e em diferentes condições experimentais. A velocidade média de transporte das dextranaminas de 3 kDa é de cerca de 2 mm/h. A velocidade média de transporte das aminas dextranas de 10 kDa é de cerca de 1 mm/h[45]. A velocidade de transporte das dextranaminas 3kDa parece ser mais constante do que a velocidade de transporte das 10kDa para diferentes formas conjugadas. Por exemplo, as dextranaminas conjugadas com rodamina 10kDa podem ser transportadas a uma velocidade de 3 mm/h e as dextranaminas conjugadas com fluoresceína 10kDa a uma velocidade de 2 mm/h[85]. As dextranaminas 3kDa podem ser mais adequadas para a investigação inicial de novas estruturas neuroanatómicas. A elevada velocidade de transporte das dextranaminas 3kDa também as torna úteis para preparações in vitro

A composição exacta e as propriedades químicas de uma dextranamina variam consoante o processo de fabrico, o fornecedor e a forma da dextranamina. As aminas de dextrano 3kDa da Invitrogen™ contêm dextranos com pesos moleculares entre aproximadamente 1,5kDa e 3kDa. Pesos moleculares mais elevados podem conter dextranaminas com uma gama mais ampla de pesos. Por exemplo, as aminas de dextrano de 70kDa da Invitrogen contêm dextranos com pesos entre 60kDa e 90kDa. O processo químico de conjugação de moléculas repórteres, como os fluoróforos ou a neurobiotina, também pode alterar a gama de pesos moleculares das aminas dextrano dos fornecedores. Diferentes formas conjugadas e pesos de aminas dextranas podem ter diferentes concentrações de moléculas repórter em solução.

A distância entre as estruturas tem influência no tempo de transporte ótimo. É possível obter um contraste máximo para estruturas muito próximas se o tecido for fixado precisamente quando a amina dextrano fluorescente tiver penetrado nos neurónios de interesse e os tiver preenchido completamente. O tempo de transporte ideal para a marcação de estruturas distantes com aminas dextranas fluorescentes visualizadas por microscopia ótica de fluorescência padrão situa-se entre o tempo necessário para atingir e preencher os neurónios de interesse e o tempo necessário para que o dextrano se afaste dos neurónios de interesse. Qualquer tecido marcado com aminas de dextrano fluorescentes apresentará um fundo ténue que aumenta com o tempo de transporte e a distância percorrida.

Os tempos de transporte óptimos devem ser determinados para a investigação exaustiva de novas estruturas, diferentes espécies, diferentes métodos de administração e diferentes condições experimentais. Uma estimativa inicial do tempo de transporte é determinada utilizando os tempos médios de transporte acima indicados. Se as estruturas forem marcadas imediatamente antes e depois das estruturas de interesse na rota de transporte, uma única experiência pode ser suficiente para determinar o tempo de transporte ótimo. Caso contrário, poderão ser necessárias pelo menos duas experiências.

4.2.2.4 *Dextran aminas utilizadas*

Neste estudo, foram utilizadas aminas de dextrano conjugadas com fluoresceína, Alexa Fluor® 488 e tetrametilrodamina.

### 4.2.3 *Sulforhodamina 101*

O SR101 é um corante fluorescente vermelho que pode penetrar em células excitáveis, como as células musculares ou os neurónios, quando estas se tornam activas [2, 72, 71, 88, 89]. O SR101 é utilizado para demonstrar a interação entre duas estruturas. Quando o nervo ótico é estimulado enquanto o tronco cerebral é banhado numa solução de SR101, as células activas são marcadas. Uma vez que todas as células activas podem ser marcadas, podem ser marcadas as células que se tornam activas devido a ligações diretas ao local de estimulação, as células que se tornam activas devido à ativação de outros tecidos neuronais que as excitam indiretamente, ou as células que estariam activas sem qualquer intervenção do investigador.

O SR101 tem dois objectivos. Em primeiro lugar, é utilizado para substituir a coloração geral do neuropil para visualizar os neurónios. A coloração geral das células normalmente cora o tecido neural de forma uniforme, tornando difícil a diferenciação das células. Outros métodos podem marcar apenas algumas células, mas o examinador não consegue marcar células específicas de interesse. Utilizando o SR101 e a estimulação eléctrica, os neurónios de interesse podem ser marcados, por vezes quase exclusivamente os que estão a ser investigados. O SR101 em combinação com aminas dextranas fluorescentes permite uma excelente elucidação da estrutura neuroanatómica numa experiência relativamente curta.

O segundo objetivo do SR101 é fornecer provas de uma hipótese negativa. Se uma experiência de marcação com SR101 falhar, isso fornece provas de que não há interação direta ou indireta entre a estrutura estimulada e a estrutura à qual o SR101 foi aplicado. Se necessário, podem ser fornecidas mais provas da ausência de interação entre as duas estruturas através da utilização de marcadores neuroanatómicos. O SR101 pode ser utilizado para verificar a ausência de conetividade ou para fornecer rapidamente provas de conetividade quando já existem provas anatómicas. Por exemplo, se a conetividade entre duas estruturas neuronais for conhecida numa espécie de rã, uma experiência de marcação com SR101 pode fornecer provas de que a conetividade é semelhante numa espécie relacionada. A marcação dupla com SR101 e marcadores fluorescentes fornece provas mais conclusivas da conetividade funcional entre duas estruturas do que qualquer um dos métodos isoladamente.

O SR101 marca rápida e eficazmente o tecido neuronal, permitindo ao examinador realizar exames anatómicos rápidos que são frequentemente o prelúdio de um exame neuroanatómico mais completo. Quando combinado com marcadores fluorescentes, o SR101 fornece provas mais conclusivas da conetividade funcional entre estruturas e fornece imagens de alta qualidade que revelam claramente as estruturas neuroanatómicas. No entanto, o SR101 não é fixável e difunde-se no tecido circundante em secções fixas e montadas, tornando-se frequentemente indetetável ao fim de três dias.

### 4.2.4 *Exames neuroanatómicos*

A neurobiotina não conjugada, que é utilizada como marcador, atravessa as sinapses e entra no espaço extracelular. Por conseguinte, a marcação pode ocorrer numa variedade de condições. Por outro lado, os resultados negativos são uma prova clara de que não existem ligações físicas entre duas estruturas. A neurobiotina não conjugada produz um registo permanente e permite um ajuste fino da qualidade da imagem. O SR101 pode penetrar em qualquer tecido excitável e, possivelmente, noutros tecidos também. Por conseguinte, a marcação pode ocorrer numa variedade de condições potencialmente imprevisíveis. Por outro lado, a ausência de qualquer marcação com SR101 numa variedade de condições experimentais é uma prova bastante forte de que duas estruturas excitáveis têm pouca ou nenhuma interação.

As dextranaminas fluorescentes fornecem o nível seguinte de certeza. É provável que as dextranaminas em água ou em soluções tamponadas só entrem nas células através de mecanismos de transporte celular que desdobrem a membrana plasmática. No entanto, diferentes modos de administração podem influenciar a especificidade da marcação. Concentrações elevadas de dimetilsulfóxido, também conhecido por DMSO, aplicadas ao tecido neural exposto, tendem a resultar numa marcação excessiva. Se a dextranamina fluorescente concentrada em DMSO concentrado não marcar uma estrutura em diferentes condições experimentais, isso é uma indicação clara de que não existem processos neurais que se estendam do local de aplicação até à área em investigação. A injeção de aminas dextrano em DMSO a 3% no tecido fornece provas mais fortes de conetividade direta entre estruturas e pode resultar numa menor variabilidade entre amostras e em imagens de microscopia de melhor qualidade do que as aminas dextrano em soluções tamponadas ou em água. A microinjecção ou iontoforese de pequenas quantidades de aminas dextranas fluorescentes relativamente diluídas em soro fisiológico fornece provas bastante conclusivas da conetividade direta de processos neuronais entre duas estruturas e pode permitir aos investigadores desvendar parte da neuroanatomia citoarquitectural de uma região. O grau de certeza dos diferentes métodos de administração de aminas dextranas depende da distância entre as estruturas. A aplicação direta de aminas dextranas fluorescentes em DMSO concentrado num local do nervo ótico marca as estruturas próximas do nervo ótico, mas não mostra a conetividade. A aplicação direta de aminas dextranas fluorescentes em DMSO concentrado a um nervo no membro posterior distal fornece provas bastante conclusivas da conetividade direta entre os processos neuronais dos neurónios do nervo e as estruturas marcadas no cérebro.

A dextranamina conjugada com a neurobiotina produz um registo bastante permanente e permite aos investigadores elucidar mais pormenores sobre a citoarquitectura e a conetividade dos neurónios. A neurobiotina-dextranamina pode ser aplicada aos tecidos da mesma forma que as dextranaminas fluorescentes. O processo químico de visualização dos dextranos conjugados com a neurobiotina permite ajustar o aspeto da etiqueta. Ao aumentar ou diminuir os tempos de processamento em diferentes fases do processo químico, o aspeto ao microscópio pode ser personalizado de várias formas. Por exemplo, a granularidade da marcação que por vezes ocorre em experiências de fluoroscopia pode ser removida. O ajuste dos tempos de processamento também pode permitir ao investigador detetar a ausência de artefactos de marcação ao marcar novas estruturas com aminas dextranas conjugadas.

Os tempos de processamento do tecido marcado podem ser ajustados de modo a que quantidades muito pequenas de neurobiotina resultem numa marcação densa. Isto significa que podem ser efectuadas experiências de rastreio muito precisas. Por exemplo, a microinjecção ou iontoforese de soluções relativamente diluídas de neurobiotina-dextranamina em soluções salinas tamponadas em pequenas áreas de tecido neural isolado pode ser utilizada para elucidar a conetividade local e a citoarquitectura in vitro. A capacidade de ajustar a sensibilidade da marcação significa que a neurobiotina-dextranamina não detecta necessariamente a conetividade direta de processos neuronais entre estruturas distantes. Uma quantidade muito pequena de neurobiotina-dextranamina pode produzir uma marcação visível. Embora as dextranaminas não atravessem frequentemente as membranas celulares sem um mecanismo de transporte, fazem-no de forma limitada. Além disso, tempos de processamento mais longos podem resultar em artefactos como o escurecimento de neurónios individuais, o que pode não representar a presença de neurobiotina. Por esta razão, os investigadores combinam normalmente a neurobiotina-dextranamina com dextranaminas fluorescentes e outras técnicas neuroanatómicas quando estudam caraterísticas neuroanatómicas específicas.

### 4.3 Aplicação de agentes de marcação neuroanatómica

As aminas de dextrano não conseguem penetrar facilmente nas células intactas. As células podem internalizar dextranos por pinocitose ou outros mecanismos que envolvam o desdobramento da membrana plasmática. No entanto, este não é geralmente um método eficaz de penetração nos neurónios quando se rastreiam vias distantes. Um método de administração de aminas dextranas a uma célula consiste em danificar ou irritar a célula ou o tecido. Existem também vários métodos químicos que fazem com que as dextranaminas entrem no citoplasma, por exemplo, a adição de 5 % de Triton X-100 ou 3 % de DMSO [35, 57, 97, 100, 96, 79].

#### 4.3.1 *DMSO*

As dextranaminas em soluções contendo 3-5% de DMSO entram efetivamente no citoplasma de muitos neurónios. A utilização de concentrações superiores a 5% não é geralmente recomendada, uma vez que concentrações mais elevadas podem interferir com a atividade e o metabolismo dos processos neuronais[41], afectando potencialmente a captação e o transporte pelos neurónios e causando artefactos de marcação. O DMSO concentrado não altera normalmente o padrão de marcação de estruturas relativamente distantes. Pensa-se que o DMSO permite a entrada de substâncias químicas nas células através da rutura da membrana celular. Pensou-se anteriormente que o DMSO poderia, desta forma, fazer com que as aminas dextranas passassem através das sinapses e causassem uma marcação excessiva. Há várias razões pelas quais é pouco provável que tal aconteça em estruturas neuronais suficientemente distantes. Em primeiro lugar, a concentração de DMSO na maioria das regiões pós-sinápticas relevantes para um determinado estudo é demasiado baixa para afetar a membrana das células pós-sinápticas. Em segundo lugar, muito pouca amina dextrana deixa a célula pré-sináptica nos terminais sinápticos. Por último, os investigadores demonstraram que não é esse o caso, comparando a marcação com dextranamina com DMSO e a marcação com outros métodos [35, 57, 97, 100, 96].

#### 4.3.2 *Aplicação de cristais*

Os cristais de dextranamina dissolvidos e secos em DMSO concentrado podem ser aplicados diretamente em tecidos cortados ou danificados. Os cristais foram aplicados diretamente na extremidade proximal dos nervos olfactivos e ópticos transeccionados. Os cristais foram também aplicados na retina e no epitélio olfativo expostos, depois de raspados ou perfurados com uma agulha.

#### 4.3.3 *Injeção*

As dextranaminas em solução podem ser injectadas no tecido neuronal. Em geral, a injeção perturba os neurónios de tal forma que as dextranaminas podem penetrar nas células. O contacto direto da solução de dextranamina com as membranas celulares de muitos neurónios no tecido neural pode também resultar na absorção de parte da solução pela célula através de mecanismos que envolvem o desdobramento da membrana plasmática.

#### 4.3.4 *Injeção intraocular*

A injeção intraocular de marcadores neuroanatómicos tem sido utilizada por muitos investigadores para estudar as projecções da retina. Alguns investigadores utilizaram a injeção intraocular para estudar as projecções acessórias da retina. Como este tipo de projeção já foi controverso, outros investigadores sugeriram que o marcador poderia sair do olho e marcar os neurónios através das junções neuromusculares e talvez por outros meios. Há várias razões pelas quais isso é improvável. A quantidade de marcador que sairia seria muito pequena e diluída. A aplicação direta de marcador concentrado nas junções neuromusculares não resulta frequentemente numa marcação útil, repetível e detetável sem modificação dos protocolos. Além disso, não há provas de que o marcador tenha entrado no tecido que envolve o olho. Por último, os investigadores testaram este facto comparando a marcação após injeção intraocular e outros métodos de administração, bem como injectando marcador nos espaços em redor do olho [35, 57, 97, 100, 96].

As aminas dextran são utilizadas neste estudo como marcadores neuroanatómicos para detetar ligações entre o local de aplicação e estruturas neuronais relativamente distantes. Quando utilizada desta forma, é muito pouco provável que a dextranamina produza uma marcação repetível por fuga para o tecido circundante. As dextranaminas são utilizadas como marcadores neuroanatómicos por duas razões principais. Em primeiro lugar, são macromoléculas de grandes dimensões que não podem entrar e sair facilmente ou frequentemente das células sem perturbar a bicamada lipídica. Em segundo lugar, uma vez no interior de uma célula, os dextranos preenchem rápida e uniformemente quase todo o citoplasma, permitindo que muitos detalhes da citoarquitectura sejam claramente reconhecidos.

Muitos protocolos de injeção intraocular de marcadores neuroanatómicos indicam que o marcador deve ser injetado o mais próximo possível da retina, de preferência atrás do vítreo gelatinoso que cobre a retina. A secção do olho após fixação mostrou que a amina dextrano se tinha espalhado no vítreo e na substância interna do olho, mas não marcou nem atravessou a esclerótica de *Lithobates pipiens*. Alguns minutos após a injeção, o corante era visível através da pupila e provocava uma ligeira fluorescência do olho. Isto indica que a amina dextrano já se tinha espalhado por grandes partes do vítreo pouco tempo depois da injeção. Deste modo, tornou-se evidente que, embora uma injeção junto à retina possa ser necessária em alguns animais, não o era em *Lithobates pipiens* e talvez também nos anuros em geral. Deve ter-se o cuidado de não danificar ou irritar as estruturas do olho situadas por detrás da córnea, uma vez que tal pode interferir com a marcação^, 57, 97, 100, 96].

### 4.3.5 *Estimulação eléctrica*

As preparações de tecidos inteiros da cabeça e da parte superior da espinal medula foram obtidas mergulhando os animais em MS-222 durante 10 minutos e decapitando-os em seguida com uma tesoura de dissecação grande ou com uma guilhotina. Quando a decapitação é efectuada com uma guilhotina, a espinal medula é menos danificada no local da incisão. O maxilar inferior é retirado com uma tesoura de dissecação grande e a cabeça é colocada num tabuleiro de dissecação com água gelada, que é arejada com um arejador de aquário. A pele da cabeça é cortada com uma tesoura de microdissecção afiada ao longo da linha central do animal, desde a extremidade caudal do espécime até às narinas e reflectida. A cabeça é fixada com alfinetes e colocada sob uma máquina de dissecação. Os músculos e os tecidos moles são retirados com uma tesoura de microdissecção e uma pinça desde o bordo caudal da caixa craniana até à extensão caudal da primeira vértebra dorsal. Introduz-se uma tesoura de dissecação fina no espaço entre a primeira vértebra e a crista caudal da caixa craniana para remover a parte superior da primeira vértebra dorsal. O plexo coroide aparece geralmente como uma região triangular avermelhada no tronco cerebral. Se o animal tiver perdido uma quantidade excessiva de sangue ou estiver muito desidratado, o plexo coroide pode ser de cor pálida. O plexo coroide é removido agarrando-o no centro, na extremidade rostral do animal, e puxando-o caudalmente, geralmente removendo-o numa só peça. Deve ter-se o cuidado de agarrar o plexo coroide de modo a que este se separe da substância pia e não levante ou perturbe o tronco cerebral durante a remoção.

É inserido um elétrodo de ligação à terra no substrato do tabuleiro de preparação para estimulação eléctrica. Deve haver uma quantidade suficiente de solução de Ringer no fundo da placa para criar um circuito entre a preparação e o elétrodo de ligação à terra. O elétrodo de ligação à terra não deve tocar na preparação, uma vez que pode influenciar a experiência de forma imprevisível. A corrente utilizada para a estimulação eléctrica durante a marcação com SR101 flui através do tecido da preparação e da solução de Ringer utilizada para manter a preparação viável. Isto cria um circuito com uma resistência eléctrica que varia muito de espécime para espécime. Para resolver este problema, a tensão é calibrada aumentando-a lentamente até que o elétrodo de estimulação produza fasciculações visíveis quando aplicado ao tecido muscular próximo. O elétrodo de ligação à terra pode ser ajustado para produzir uma melhor estimulação durante este período. O elétrodo é aplicado na área a estimular utilizando um dispositivo de micromanipulação e um microscópio de dissecação.

Em geral, é difícil efetuar manipulações electrofisiológicas delicadas em preparações de tecidos inteiros, por exemplo, microestimulação, uma vez que a atividade dos neurónios individuais varia muito entre amostras. No entanto, as preparações de tecidos inteiros são mais resistentes e requerem equipamento menos complexo para manter a viabilidade. O arrefecimento da preparação e a anestesia profunda reduzem a atividade e a variabilidade neuronais "espontâneas". As condições de frio extremo e a anestesia muito profunda reduzem a atividade global do sistema nervoso central. No entanto, o sistema nervoso apresenta uma atividade periódica localizada que não é representativa das condições in vivo num animal intacto.

## 4.4 PREPARAÇÃO DA AMOSTRA

### 4.4.1 *Fixação de*

Os animais foram imersos em solução MS-222 durante quinze minutos e, em seguida, decapitados e o maxilar inferior foi removido. A pele da parte superior da cabeça é cortada e removida. A caixa craniana é incisada com um bisturi ao longo dos limites aproximados das placas de cartilagem. Deve ter-se o cuidado de não fazer incisões demasiado profundas no centro do crânio, pois isso poderia danificar o cérebro. Os tecidos moles abaixo da crista caudal da abóbada craniana são removidos. Introduz-se uma tesoura de dissecação fina no espaço entre a primeira vértebra e o bordo caudal da caixa craniana e as placas cranianas são cortadas no centro. As placas podem então ser espelhadas com uma sonda dentária curva e removidas com uma tesoura de dissecação. Com a remoção do plexo coroide, o cérebro e a espinal medula são deslocados para a zona ventral do compartimento do sistema nervoso central. Pode então ser efectuada uma incisão a partir da primeira vértebra dorsal para remover a medula espinal dorsal, pelo menos até às regiões a examinar microscopicamente. A substância pia é removida de todas as áreas de interesse e a cabeça é colocada em paraformaldeído a 3% (PFA).

A duração deste passo de fixação pode ser ajustada para alterar a consistência do tecido fixado na preparação final e varia entre 3 e 10 horas. Tempos de fixação mais curtos nesta fase resultam em imagens de microscopia mais uniformes e naturais que ilustram melhor a citoarquitectura, mas podem deixar o tecido demasiado sensível para processos histológicos corrosivos, como a visualização da marcação com neurobiotina. Os marcadores neuroanatómicos que não são fixáveis podem difundir-se através de tecido que não tenha sido fixado durante tempo suficiente e entrar nos espaços intracelulares de tecido que tenha sido fixado durante demasiado tempo ou desidratado em demasia.

Após a fixação da cabeça, o sistema nervoso central é removido. Retira-se o tecido restante que cobre o cérebro e a espinal medula. O sistema nervoso central é cuidadosamente retirado da cavidade com uma espátula ou uma sonda, começando pela extremidade caudal da amostra. Os nervos espinais e cranianos abaixo do cérebro e da medula espinal são cortados com uma tesoura de microdissecção enquanto o cérebro é lentamente levantado. Deve ter-se o cuidado de não criar demasiada tensão nos nervos quando se remove o sistema nervoso central, uma vez que isso pode danificar o tecido do sistema nervoso central e dar origem a artefactos ou dados inconclusivos nas amostras dissecadas. A maior parte do cérebro deve permanecer intacta se o cérebro tiver sido marcado com um marcador não fixável, como o SR101. Isto pode exigir a dissecção parcial da cápsula nasal para remover os lóbulos olfactivos. Os nervos olfactivos são então cortados com uma tesoura de microdissecção. Na marcação com dextranamina, os bolbos olfactivos podem ser cortados na cápsula nasal. Com uma pinça fina, retira-se a maior quantidade possível de substância pia do tecido do sistema nervoso central. Se possível, devem ser retirados pedaços grandes de substância pia. Se a substância pia estiver demasiado macerada, podem permanecer pequenos pedaços de substância pia ligados ao tecido do sistema nervoso central. O excesso de solução de PFA é removido com um pano químico e o cérebro é embebido em gelatina. O sistema nervoso central deve estar seco, mas uma desidratação excessiva danifica o tecido e reduz a qualidade da preparação final. O bloco de gelatina é então fixado durante a noite. A duração da fixação nesta fase deve ser determinada para cada amostra individual, sendo normalmente mais curta para amostras pequenas e mais longa para amostras maiores. A duração desta fase de fixação é geralmente a mesma para amostras do mesmo tipo e não é crítica dentro de certos limites.

### 4.4.2 *Desmontagem e montagem*

Após a fixação, o bloco de gelatina é cortado num tamanho adequado. É importante criar marcadores de orientação para que as secções possam ser alinhadas e a disposição geral das estruturas no cérebro intacto possa ser determinada. O método mais simples de orientação consiste em cortar um canto do bloco de gelatina de modo a que as secções tenham um canto entalhado. Se o bloco de gelatina estiver danificado, pode ser difícil determinar a posição do corte de orientação em secções individuais. Também se pode embeber um fio de seda fino na gelatina junto ao cérebro para orientação.

As secções foram pré-congeladas a -85 °C e cortadas com uma espessura de 604 m num micrótomo com uma mesa de congelação a -25 °C a -30°C. Os pequenos blocos de tecido começam frequentemente a descongelar antes de serem fixados na plataforma do micrótomo. Para evitar isto, podem ser colocados num recipiente cujas paredes estão cheias de um agente de congelação, por exemplo, uma solução de cloreto de cálcio ou um gel. Os tecidos fixados que tenham sido marcados com aminas dextranas fluorescentes e incorporados em gelatina podem ser congelados durante um longo período de tempo sem branqueamento; no entanto, deve ser adicionado um crioprotector para um armazenamento mais longo. Os tecidos marcados com compostos que não podem ser fixados, como o SR101, não devem ser armazenados congelados. As placas foram enchidas a dois terços com solução salina tamponada com fosfato (PBS). As secções foram retiradas da lâmina do micrótomo com um pequeno pincel de artista e colocadas nos poços, uma após a outra, pela ordem em que foram obtidas.

As secções foram montadas nas lâminas através da imersão parcial da lâmina numa placa de Petri contendo PBS e desenhando cuidadosamente a secção na posição correta utilizando um pincel fino. As secções foram montadas nas lâminas utilizando o fio ou o canto cortado para as orientar. As lâminas foram cobertas com um meio de montagem fluorescente anti-desbotamento, como o VECTASHIELD®. As lâminas montadas sem um meio anti-desbotamento desvanecem-se e perdem potencialmente dados importantes em poucos dias. São também muito sensíveis à fotodegradação. As amostras fluorescentes que não tenham sido montadas com um meio anti-desbotamento desvanecem-se visivelmente quando observadas ao microscópio, atingindo frequentemente metade da sua intensidade original em poucos minutos.

## 4.5 MICROSCOPIA

As secções foram visualizadas utilizando um microscópio Leica DMRA com Hamatsu DCAM com uma ampliação de 100x e 200x. A ampliação de 400x não foi útil porque a maior parte da célula marcada estava fora do plano ótico. Tentou-se efetuar uma deconvolução cega com ampliações superiores, na esperança de visualizar algumas ligações locais, mas a granularidade da marcação dificultou muito a tarefa. Os tempos de exposição foram normalmente de 5 a 10 segundos para a ampliação de 100x e de 1 a 5 segundos para a ampliação de 200x. Os tempos de exposição foram mantidos constantes em todas as secções de cada amostra para garantir que as imagens eram qualitativamente representativas da marcação de toda a amostra. Na investigação inicial, foi utilizado o IPLab™ para obter imagens de um microscópio. Posteriormente, foi instalado o ^manager, que utilizou o software adaptador LeicaDMR da 100x imaging inc. para controlar a fase z do microscópio. Desta forma, foi possível criar pilhas de secções ópticas da imagem. As imagens foram obtidas através de um cubo de filtro RITC ou FITC.

Algumas das imagens foram pós-processadas com o IPLab, mas a maior parte do pós-processamento foi efectuada com o ImageJ. Na maioria dos casos, apenas foram efectuadas manipulações simples nas imagens originais, tais como ligeiros ajustes de brilho e contraste (gama). No caso das pilhas de imagens, o ImageJ podia ser utilizado para selecionar a secção mais representativa da pilha ou para combinar conjuntos de secções ópticas vizinhas. Nas experiências com marcadores duplos, as imagens RITC e FITC foram combinadas em imagens a cores compostas.

# CAPÍTULO 5 PROCEDIMENTO EXPERIMENTAL

Todos os procedimentos foram aprovados pelo Comité de Utilização Animal da Universidade Estatal de Idaho, em conformidade com o protocolo IACUC n.º 6640110.

### 5.1 ESTOQUE QUÍMICO

### 5.1.1 *Cristais de dextrano em DMSO*

### 5.1.2 *Solução de dextrano conjugado a .5%*

- 10 mg de dextranamina conjugada
- 200ul NANOpure H $O_2$

A solução foi misturada num tubo de microcentrifugação e armazenada congelada.

### 5.1.3 *.01% SR101*

- 25mg SR101
- 25 ml de solução de Ringer

A solução foi armazenada congelada em alíquotas de 1 ml. Aquando da realização da experiência, foi adicionado 1 ml a 10 ml de anéis. A solução deve ser protegida da luz e mantida no frigorífico.

### 5.1.4 *.1% solução MS-222*

- 1g MS-222
- 1 g de $NaHCO_3$
- 1 litro de água purificada

A solução foi armazenada sob refrigeração.

### 5.1.5 *Solução de Ringer*

- 1 litro de água
- 4,38 g de NaCl
- 2,10 g de $NaHCO_3$
- 15 g de KCl
- .10g $MgCl_2$
- 1,98 g de glucose
- .29g $CaCl_2$

A solução deve ser completada no mesmo dia em que é utilizada, uma vez que as substâncias dissolvidas começam a precipitar-se da solução no espaço de um dia.

### 5.1.6 *Incorporar gelatina*

- 10 g de sacarose
- 10 g de gelatina de porco
- 100 ml de NANOpure H2O

A gelatina é dissolvida na água com o açúcar numa placa quente e armazenada num local fresco. A gelatina pode ser utilizada até duas semanas.

### 5.2 PROTOCOLOS DE ROTULAGEM

### 5.2.1 *Aplicação direta de dextrano conjugado em DMSO concentrado*

- Os animais foram anestesiados por imersão numa solução de MS-222 a 0,1 % durante 10 minutos.
- A amostra foi colocada sob um dissecador e envolvida em toalhas de papel húmidas para fixar a amostra e evitar a desidratação excessiva dos animais.
- Para as projecções da retina, o olho foi enucleado. O marcador foi então aplicado diretamente na retina, depois de esta ter sido perfurada com uma agulha. Em alternativa, o nervo ótico foi localizado raspando a retina da parte posterior do olho e aplicando o marcador no nervo exposto.
- Para as projecções no órgão olfativo, o marcador pode ser aplicado diretamente

no epitélio olfativo, introduzindo a microsseringa nas narinas. Em alternativa, o nervo olfativo foi localizado através de uma incisão no bordo caudal da cavidade nasal e o marcador foi aplicado diretamente no nervo exposto.

- Os cristais de marcador foram introduzidos no tecido nervoso utilizando uma micro-seringa de vidro curta.
- Os dextranos conjugados fluorescentes com diferentes espectros de emissão podem ser aplicados tanto no lado esquerdo como no direito ou no tecido da retina e do nervo olfativo ipsilateral.
- Para os dextranos de 3kDa, os animais foram mantidos vivos durante 5 horas.
- Para a eutanásia, os animais foram profundamente anestesiados durante 15 minutos por imersão em MS-222.
- Os animais foram decapitados e os seus maxilares inferiores removidos.
- O cérebro foi exposto através da remoção das placas cranianas e da superfície dorsal da primeira vértebra.

Figura 5.1: Aplicação direta

- O plexo coroide foi removido e a preparação foi fixada durante a noite em PFA a 3 %.

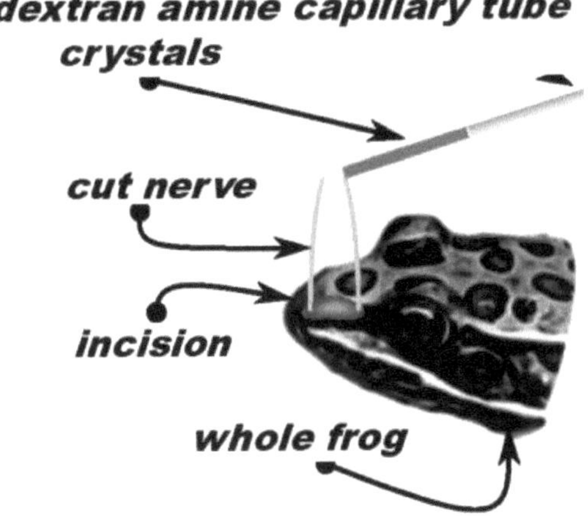


5.2.2 *Injeção de solução de dextranamina conjugada a 0,5% nos nervos expostos*
- Os animais foram anestesiados por imersão numa solução de MS-222 a 0,1% durante 10 minutos.
- O espécime foi colocado sob um dissecador e envolvido em toalhas de papel húmidas para fixar o espécime e proteger os animais de uma desidratação excessiva.
- O olho foi enucleado para as projecções da retina. Em alternativa, o nervo ótico foi localizado raspando a retina da parte posterior do olho.

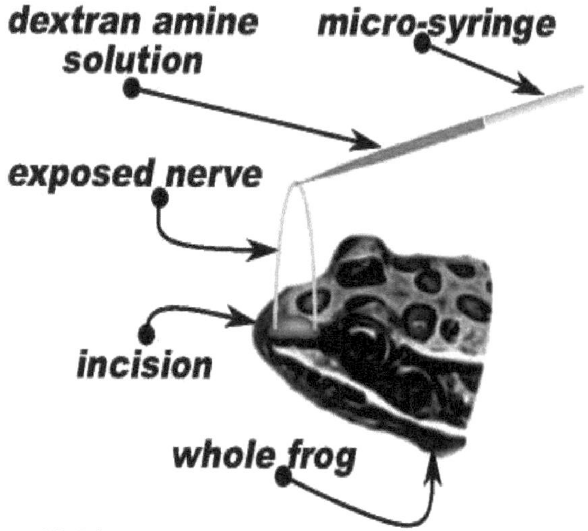


Figura 5.2: Injeção

* Para as projecções olfactivas, o nervo olfativo foi localizado através de uma incisão a partir do bordo caudal das narinas.
* Um microinjector %%apparatus% foi montado num dispositivo de micromanipulação para permitir a colocação precisa da microsseringa.
* 20-40nl de uma solução de dextranamina conjugada a 0,5% foram injectados no nervo exposto a uma velocidade de 200nl por minuto.
* Para os dextranos de 3kDa, os animais foram mantidos vivos durante 5 horas.
* Para a eutanásia, os animais foram profundamente anestesiados durante 15 minutos por imersão em MS-222.
* Os animais foram decapitados e os seus maxilares inferiores removidos.
* O cérebro foi exposto através da remoção das placas cranianas e da superfície dorsal da primeira vértebra.
* O plexo coroide foi removido e a preparação foi fixada durante a noite em PFA a 3 %.

5.2.3 *Injeção intraocular de dextranamina conjugada a 0,5% em solução de DMSO a 3%*
* Os animais foram anestesiados por imersão numa solução de MS-222 a 0,1 % durante 10 minutos.
* O espécime foi colocado sob um dissecador e envolvido em toalhas de papel húmidas para fixar o espécime e proteger os animais de uma desidratação excessiva.

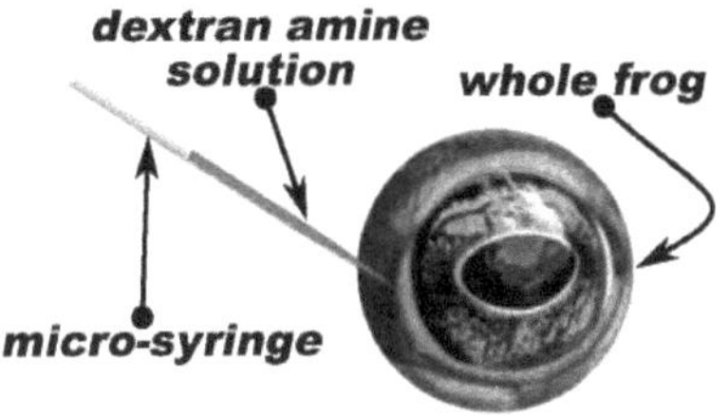


Figura 5.3: Injeção intraocular

- Os olhos dos anuros fecham-se quando estão inconscientes ou em repouso. Os animais anestesiados foram colocados numa taça de poliestireno espumado para os manter em posição. Para retrair o olho, utilizou-se um objeto introduzido na boca e entalado na taça.
- Um microinjector foi montado num dispositivo de micromanipulação para permitir a colocação precisa da microsseringa.
- Foram injectados na esclerótica do olho 40 nl de dextranamina conjugada a 0,5% em DMSO a 3%.
- Para os dextranos de 3kDa, os animais foram mantidos vivos durante 5 horas.
- Para a eutanásia, os animais foram profundamente anestesiados durante 15 minutos por imersão em MS-222.
- Os animais foram decapitados e os seus maxilares inferiores removidos.
- O cérebro foi exposto através da remoção das placas cranianas e da superfície dorsal da primeira vértebra.
- O plexo coroide foi removido e a preparação foi fixada durante a noite em PFA a 3 %.

### 5.2.4 *Estimulação eléctrica e aplicação do SR101*

- Para a marcação dupla com dextranaminas conjugadas, foram utilizados protocolos de dextranamina para aplicar dextranamina conjugada de 3kDa ipsilateralmente 1 hora antes do início do protocolo SR101.
- Os animais foram profundamente anestesiados por imersão em MS-222 durante 15 minutos.

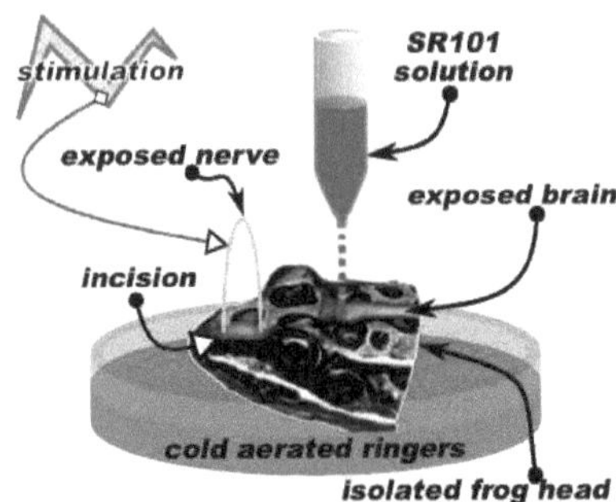


Figura 5.4: Aplicação SR101

- Os animais foram decapitados e os seus maxilares inferiores removidos.
- A cabeça dissecada foi fixada com agulhas de dissecação numa placa de Petri grande sobre um substrato de borracha e colocada sob um microscópio de dissecação.
- Os tecidos moles que cobrem o cérebro e o plexo coroide foram removidos para formar uma câmara que conteria a solução SR101.
- O cérebro foi exposto através da remoção das placas cranianas e da face dorsal da primeira vértebra.
- O plexo coroide foi removido e a amostra foi banhada em solução de Ringer gelada e arejada com um borbulhador de aquário.
- Adicionou-se gelo à placa de Petri para assegurar que a solução permanecia fria.
- O elétrodo de ligação à terra de um estimulador Grass S88 foi ligado a um pino de dissecação e inserido no substrato de borracha perto da cabeça dissecada.
- O elétrodo de estimulação foi ligado a um circuito de sonda que estava ligado a um elétrodo de prata fino.
- A sonda foi montada num dispositivo de micromanipulação para permitir a colocação precisa do elétrodo.
- O elétrodo foi colocado no tecido muscular perto do nervo olfativo ou ótico exposto.
- A tensão foi ajustada apenas o suficiente para causar fasciculações visíveis no músculo quando ativo, normalmente entre 3 e 4 volts. As tensões muito fora deste intervalo indicam normalmente que o dispositivo precisa de ser ajustado. As tensões elevadas são frequentemente devidas ao facto de o elétrodo de ligação à terra não fazer um contacto adequado com a solução de Ringer. As tensões baixas resultam frequentemente do contacto do elétrodo de terra com a amostra preparada.
  - O elétrodo foi colocado no nervo olfativo ou ótico exposto.
  - O estimulador foi programado para emitir impulsos a cada ?3 minutos? impulsos a uma frequência de 100 Hz durante 100 ms?
  - Foi aplicada uma solução de .01%SR101 no tronco cerebral de 15 em 15 minutos.
  - A solução de Ringer foi retirada em intervalos de 15 minutos e substituída por uma solução fresca e arrefecida. * A estimulação e a aplicação de SR101 foram continuadas durante 4 horas.
  - A preparação foi colocada em PFA a 3% e fixada durante a noite.

5.3 PREPARAÇÃO DE TECIDOS

5.3.1  *Incorporação*
  - O cérebro foi retirado da cabeça da rã imobilizada.
  - As meninges foram retiradas do cérebro e este foi esfregado com um pano químico até ficar seco.
  - O cérebro foi embebido em gelatina de suíno quente e fixado durante a noite em PFA a 3%.

5.3.2  *Incorporação*
  - O cérebro foi retirado da cabeça da rã imobilizada.
  - As meninges foram retiradas do cérebro e este foi esfregado com um pano químico até ficar seco.
  - O cérebro foi embebido em gelatina de suíno quente e fixado durante a noite em PFA a 3%.

5.3.3  *Microscopia*
  - As imagens foram obtidas com um microscópio Leica DMRA
  - As imagens úteis foram obtidas com uma ampliação de 100x e 200x.
  - Exposição
  - Pilha

# Parte 3

## CAPÍTULO 6 RESULTADOS

RESULTADOS

Estudos anteriores com neurobiotina forneceram provas de uma ligação funcional entre o epitélio olfativo e a retina ao tronco cerebral da rã *Lithobates pipiens.* Estas experiências preliminares mostraram conexões da retina com o cerebelo, a formação reticular, os motoneurónios hipoglosso e os motoneurónios do corno ventral da medula espinal. O primeiro estudo mostrou também conexões do epitélio olfativo com o cerebelo, a formação reticular e os motoneurónios do hipoglosso.

Experiências em que cristais fluorescentes de dextranamina foram aplicados diretamente no epitélio olfativo ou na retina, cristais fluorescentes de dextranamina foram aplicados diretamente no nervo olfativo ou ótico cortado ou danificado, dextranaminas fluorescentes foram injectadas no nervo olfativo ou ótico, A injeção de dextranaminas fluorescentes no interior do olho e a aplicação de sulforhodamina 101 em combinação com a estimulação eléctrica do nervo ótico ou olfativo demonstraram repetidamente e de forma fiável a existência de projecções funcionais diretas entre a retina ou o epitélio olfativo e o tronco cerebral da rã *Lithobates pipiens.* As estruturas marcadas incluíam divisões do núcleo motor hipoglosso, neurónios glossofaríngeos em torno do trato solitário e neurónios motores do trigémeo. Dois animais de controlo não apresentaram qualquer sinal de fundo. No total, foram utilizadas 26 rãs: 8 com marcação olfactiva simples com dextrano amina fluorescente, 1 com marcação olfactiva simples com SR101 e 3 com marcação olfactiva dupla.

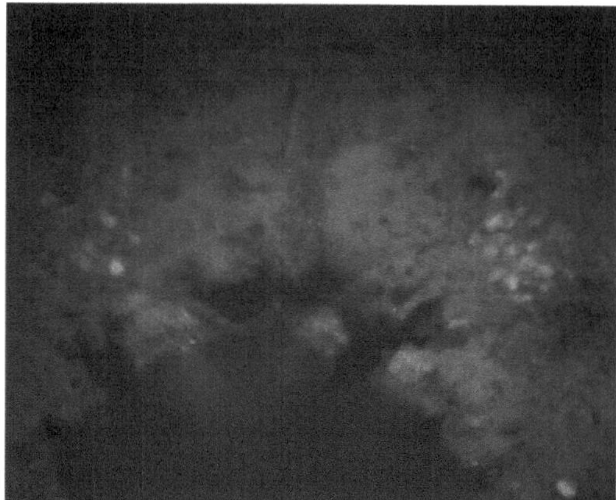

Figura 6.1: O núcleo hipoglosso dorsomedial, marcado com SR101 e Alexa Fluor 488

marcados com SR101 e dextrano fluorescente, 5 nervos ópticos marcados individualmente com dextranamina fluorescente, 5 nervos ópticos marcados duplamente com SR101 e dextranamina fluorescente, 2 nervos olfactivos e ópticos marcados com dextranaminas fluorescentes diferentes.

6.1 ESTRUTURAS ROTULADAS

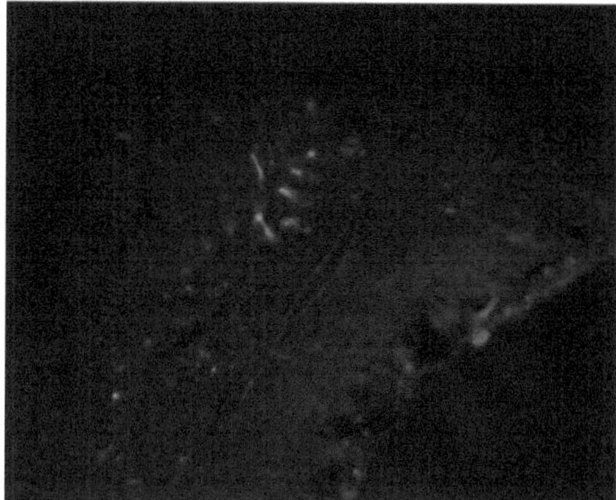

Figura 6.2: O hipoglosso intermédio, marcado com SR101 e Alexa Fluor 488

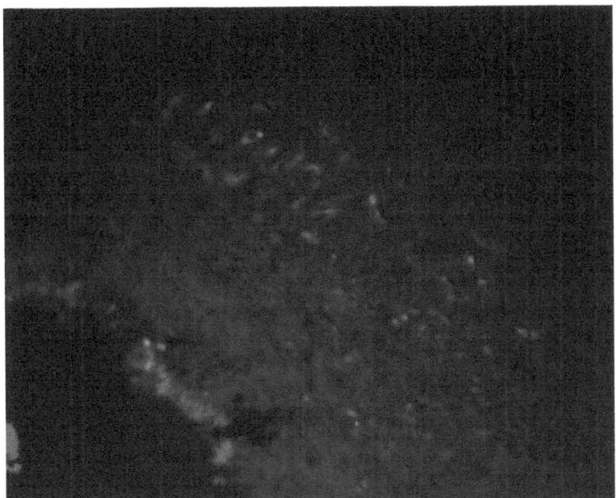

Figura 6.3: O núcleo motor hipoglosso intermédio, marcado com SR101 e Alexa Fluor 488

Figura 6.4: O núcleo motor hipoglosso ventrolateral, marcado com SR101 e Alexa Fluor 488

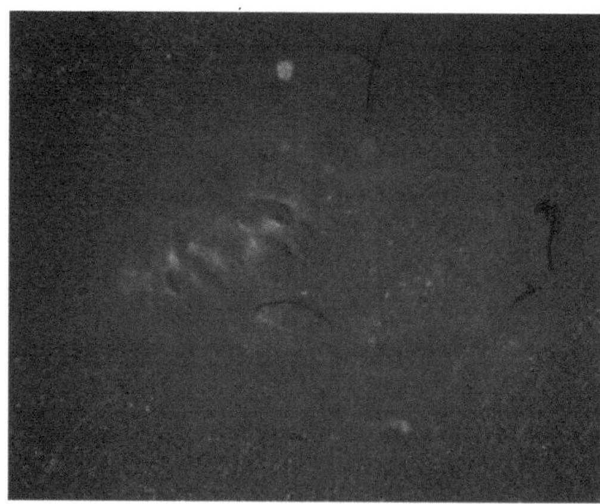

Figura 6.5: O núcleo motor hipoglosso ventrolateral marcado com SR101, Alexa Fluor 488 e combinado com imagens DIC

Figura 6.6: O núcleo motor hipoglosso ventrolateral, marcado com SR101 e Alexa Fluor 488 numa ampliação de 200x

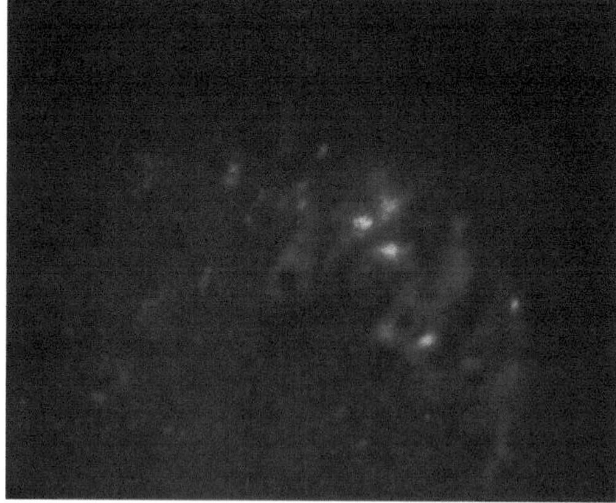

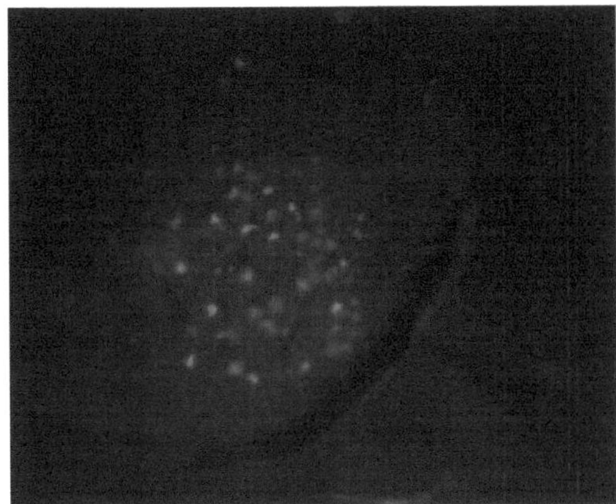

Figura 6.7: Neurónios do glossofaríngeo marcados com Alexa Fluor 488 à volta do trato solitário

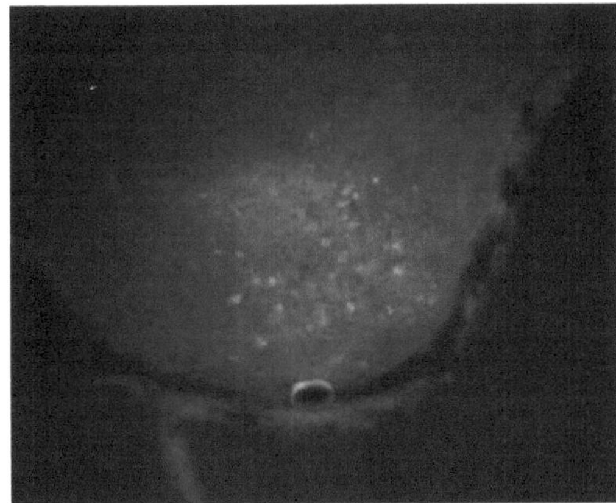

Figura 6.8: Neurónios do glossofaríngeo à volta do trato solitário, marcados com SR101 e Alexa Fluor 488

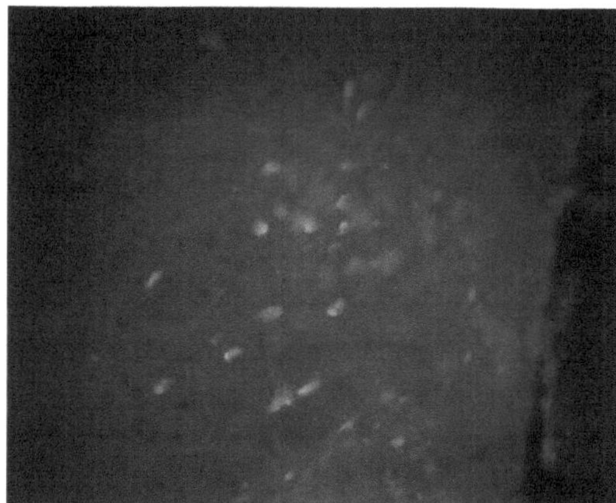

Figura 6.9: Neurónios motores do trigémeo marcados com SR101 e Alexa Fluor 488

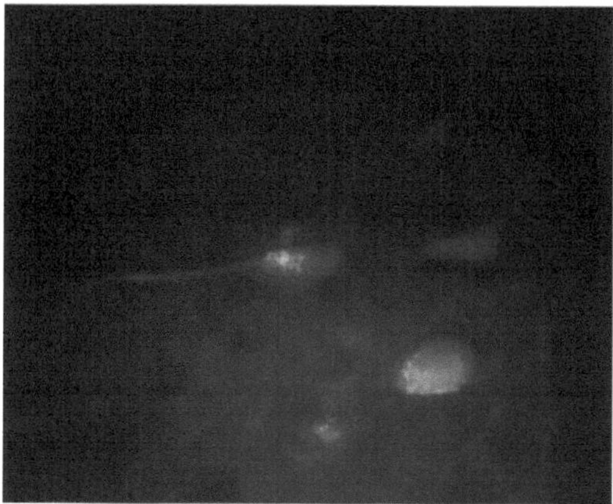

Figura 6.10.: Neurónios motores do trigémeo marcados com SR101 e Alexa Fluor 488 com uma ampliação de 400x

Figura 6.11: Neuropila não identificada no quarto ventrículo ventral rostral, marcada com SR101 e Alexa Fluor 488

Parte 4

## CAPÍTULO 7 DEBATE

LIGAÇÕES DIRECTAS AO CENTRO
GERADOR DE PADRÕES SENSÓRIO-MOTORES

A literatura recente sobre o controlo e processamento neural na integração sensório-motora leva a algumas conclusões surpreendentes. A medula espinhal e o tronco cerebral não são simplesmente intermediários que transmitem informações processadas de e para estruturas mais distantes do sistema nervoso central. Os investigadores que estudam a integração sensorial e o controlo motor chegaram a esta conclusão com base em métodos teóricos e baseados na simulação [i9, 140] e na biologia experimental [49, 48, 66, 75, 78, 127, 128, 143].

Os investigadores descobriram há algum tempo que mesmo os mamíferos são capazes de efetuar a maioria dos movimentos específicos da espécie quando as estruturas cerebrais rostrais são removidas ou separadas do tronco cerebral e da espinal medula. Muitos investigadores presumiram que isto era o resultado de circuitos de controlo motor e de pré-processamento sensorial altamente desenvolvidos, localizados em estruturas caudais do sistema nervoso central. Estudos recentes demonstraram que as estruturas caudais do tronco cerebral realizam muitas actividades complexas, incluindo a geração de padrões motores complexos independentes das estruturas rostrais^, 15, 49, 48, 66, 75, 78, 127, 128,143] e o processamento e modulação extensivos da informação sensorial^, 105,130,138]. As estruturas do sistema nervoso central caudal são, de facto, uma fonte independente de comportamento, talvez mesmo da identidade do organismo individual, e são mesmo, em certa medida, capazes de aprender, como foi demonstrado tanto pelo estudo dos mecanismos celulares como por experiências comportamentais e in vitro [43, 50, 51, 55].

As estruturas reticulares do sistema nervoso central, como o córtex cerebral e o cerebelo, geram comportamento de três formas básicas. A mais comum é simplesmente desencadear a atividade na medula espinal e na formação reticular, baseando-se em padrões de comportamento sensório-motor que já se encontram codificados nessas estruturas. Outro método consiste em modular os circuitos da medula espinal e do tronco cerebral, quer através de neuromodulação[15, 128], quer através do desacoplamento/acoplamento de elementos dos circuitos espinais de uma forma que não está explicitamente codificada nestas estruturas caudais. O método menos comum é a modificação direta e a interação com microcircuitos da coluna vertebral e do tronco cerebral[81].

Até agora, a investigação sobre o controlo motor e a integração sensorial por estruturas rostrais tem-se centrado em grandes estruturas do sistema nervoso central, como o cérebro, o cerebelo e o tálamo. No entanto, a literatura recente demonstrou que muitas modalidades sensoriais com origem no crânio estão diretamente ligadas a estruturas caudais do sistema nervoso central e parecem estar diretamente envolvidas neste tipo de modulação. Este facto é conhecido há já algum tempo para o sistema vestibular. No entanto, as estruturas mais rostrais, como a retina, o epitélio olfativo e talvez mesmo o nervo terminal, parecem também estar implicadas. As conexões diretas destas modalidades sensoriais com a formação reticular e os núcleos do tronco cerebral são análogas às conexões entre estruturas como o cérebro ou o cerebelo e o tronco cerebral/medula espinal. Isto sugere que desempenham um papel na iniciação, modulação ou modificação direta da atividade na medula espinal e na formação reticular.

## 7.1 MECANISMOS DE INGESTÃO DE ALIMENTOS EM *Lithobates pipiens*

Para compreender os mecanismos únicos de controlo neural da alimentação nos anuros, é necessário compreender os mecanismos pelos quais os anuros se alimentam. Os três mecanismos de alimentação nos anuros são, por ordem de ocorrência, o puxão mecânico com pré-estiramento da mandíbula, o estiramento inercial com pré-estiramento do hioide e o estiramento hidrostático com pré-estiramento do hioide. Pensa-se que a tração mecânica com pré-estiramento da mandíbula é a condição basal para os anuros e tem sido estudada principalmente em rãs que se alimentam apenas por este mecanismo, como *Discoglossus pictus* e *Hyla cinerea* [31, 32, 113]. O alongamento inercial provavelmente evoluiu pelo menos sete vezes em linhagens independentes de anuros[99]. *Lithobates pipiens* utiliza dois mecanismos de alimentação: tração mecânica com pré-tensão da mandíbula para presas maiores e alongamento inercial com pré-tensão do hioide para presas mais pequenas.

O objetivo de compreender a alimentação nos anuros, tanto do ponto de vista biomecânico como neuronal, tem-se revelado difícil. Certos aspectos da anatomia dos anuros têm sido muito enganadores no que diz respeito aos mecanismos exactos da alimentação. O osso hioide dos anuros parece ser bastante complexo e único. Por esta razão, acreditava-se anteriormente que o osso hioide único dos anuros era crucial para a ingestão de alimentos por extensão inercial[io9]. No entanto, a forma única do osso hioide está relacionada com outros aspectos únicos dos anuros. Os anuros não têm diafragma e têm de forçar o ar para os pulmões fechando as narinas e usando os músculos da boca para forçar o ar para os pulmões. O mecanismo pelo qual os anuros respiram também requer que a língua esteja presa à frente da mandíbula inferior[iii]. A forma do hioide resulta também da sua multifuncionalidade, ou seja, do seu envolvimento na ingestão, respiração e vocalização[38]. Pode, portanto, dizer-se que a forma única do osso hioide dos anuros resulta essencialmente do facto de os anuros não possuírem diafragma.

O aparelho biomecânico único que produz a extensão inercial da língua requer um timing preciso dos maxilares e da língua e possivelmente de todo o sistema músculo-esquelético. Para compreender isto, é necessário conhecer o aparelho biomecânico.

### 7.1.1 *Músculos da mandíbula e da língua*

#### 7.1.1.1 *Músculos do maxilar*

A mandíbula é abaixada pela ação de um único músculo, o músculo depressor mandibular. Este músculo tem origem na fáscia dorsal e na cápsula auricular e fixa-se na extremidade proximal da mandíbula, perto da articulação. Devido ao ponto de fixação, o músculo encontra-se numa posição com pouca vantagem mecânica, mas é capaz de gerar velocidades de abertura da mandíbula muito elevadas.

Os levantadores da mandíbula são constituídos por seis músculos: o levantador anterior longo da mandíbula, o levantador posterior longo da mandíbula, o levantador lateral posterior da mandíbula, o levantador posterior da mandíbula, o levantador externo da mandíbula e o levantador posterior subexterno da mandíbula. Todos os músculos elevadores se ligam à mandíbula de tal forma que proporcionam uma vantagem mecânica muito maior, mas uma velocidade de fecho da mandíbula mais lenta do que o depressor mandibular. A massa total dos seis músculos elevadores é inferior à massa do único músculo depressor mandibular dos anuros, que se alimenta por inércia extensão e pré-estiramento lingual. As fibras dos músculos elevadores também tendem a ser mais longas nestas espécies do que as do depressor mandibular[109].

### 7.1.1.2 Músculos da língua

Com exceção de alguns anuros que se alimentam por extensão hidrostática da língua, como *Hemisus marmoratum*[7, 112], os anuros não têm musculatura própria da língua. A língua dos anuros está conectada à sínfise mandibular e se estende para dentro da boca. Esta disposição é necessária devido à forma como os anuros respiram[111]. A língua possui dois músculos extrínsecos da língua. O genioglosso se origina da sínfise mandibular e se liga à almofada posterior da língua. A ação deste músculo faz com que a língua seja puxada para a frente em direção à sínfise mandibular. O hioglosso origina-se do processo posteromarginal do osso hioide e liga-se à borda lateral da almofada da língua, interligando-se com as fibras do genioglosso[109].

### 7.1.2 Mecanismos de ingestão de alimentos em anuros

### 7.1.2.1 Tração mecânica e pré-tensão dos maxilares

Muitos anuros alimentam-se agarrando as suas presas com as mandíbulas. Nesses animais, a língua é usada principalmente para mover a presa de volta para a garganta. Os anuros que se alimentam apenas por pré-tensão da mandíbula e tração mecânica não têm músculos elevadores da mandíbula hipertrofiados. A língua sobressai apenas alguns milímetros para além da sínfise mandibular.

### 7.1.2.2 Alongamento por inércia e pré-carga lingual

Nos anuros que se alimentam por estiramento inercial, a língua é empurrada muito para além das pontas dos maxilares e esticada até ao dobro do seu comprimento em repouso. Nesta estratégia de alimentação, a ponta da língua segue uma trajetória exatamente rectilínea, que é a soma de todas as trajectórias, incluindo os maxilares e a cabeça. O mecanismo requer uma sincronização extremamente precisa da atividade dos músculos da mandíbula e da língua[109]. De facto, a estratégia de alimentação pode exigir um tempo preciso da maioria, se não de todos, os músculos esqueléticos, uma vez que os dados cinemáticos e electromiográficos mostram que todos os músculos esqueléticos estão activos durante a alimentação.

A musculatura da mandíbula e da língua é surpreendentemente semelhante nas espécies que trabalham com tração mecânica e nas que trabalham com alongamento por inércia. A massa relativa da língua é cerca de 50 % menor nos estiradores por inércia. As fibras dos músculos hioglosso e genioglosso são mais longas nos estiradores de inércia, resultando num lóbulo posterior. As fibras do hioglosso e do genioglosso também se entrelaçam menos nos animais que utilizam alongamentos por inércia[109]. A principal diferença entre os anuros que utilizam estas diferentes estratégias de alimentação parece ser o feedback propriocetivo da língua através do nervo hipoglosso, que permite uma sincronização precisa entre os músculos da mandíbula e da língua[5, 6, 59, 110].

Extensores inerciais aparentemente transmitem impulsos rotatórios da mandíbula para a língua, a fim de estender a língua[87]. O ponto de fixação dos músculos depressores à mandíbula coloca o músculo numa posição com pouca vantagem mecânica. Os músculos depressores são também hipertrofiados e têm uma ação muito rápida quando estimulados. Estas propriedades permitem ao músculo armazenar energia potencial em elementos elásticos em série, como os tendões e os ossos da mandíbula e do crânio, imediatamente antes do início da abertura da boca[82]. Este fenómeno é conhecido por desempenhar um papel importante em vários movimentos muito rápidos e é referido como recuo elástico do músculo.

O momento exato da abertura da mandíbula permite que a energia potencial armazenada seja transferida para a língua sob a forma de impulsos rotativos. Os músculos elevador e depressor são activados quase simultaneamente. O pico de atividade dos músculos elevadores é atingido cerca de 80 ms mais tarde do que a atividade dos músculos depressores. Este momento é crucial para a extensão inercial e depende do feedback propriocetivo do nervo hipoglosso[110]. O tempo de abertura da boca também deve ser precisamente sincronizado com a atividade dos músculos extrínsecos da língua, para que a língua possa estender-se e seguir uma trajetória reta.

PADRÕES SENSORIMOTORES NA ALIMENTAÇÃO *Lithobates pipens*

Como já foi referido, *Lithobates pipiens* utiliza a preensão por língua para agarrar presas pequenas ou a preensão por mandíbula para agarrar presas grandes. A alternância entre estes dois mecanismos de alimentação é provavelmente desencadeada principalmente por pistas visuais, uma vez que este animal utiliza sobretudo informação visual para a aquisição de presas. Pensava-se anteriormente que o cerebelo codificava os padrões motores da alimentação, mas a remoção do cerebelo, que não danifica as fibras de passagem, não afecta a alimentação (CW Anderson, observação pessoal). Os padrões motores para a geração dos movimentos de alimentação são efetivamente codificados na formação reticular do tronco cerebral. Tendo em conta este facto, não é de surpreender que aí se encontrem ligações diretas a uma modalidade sensorial importante para a alimentação.

8.1 COMUTAÇÃO E SINTONIZAÇÃO

Os alvos das conexões olfactivas e visuais neste estudo sugerem fortemente que estão relacionados com a alimentação e a aquisição de presas. Embora existam muitos mecanismos possíveis e funções potenciais destas projecções, algumas parecem particularmente prováveis.

Uma possibilidade é alternar a estratégia de alimentação entre diferentes tipos de presas. Isto constituiria um mecanismo relativamente simples e muito rápido para a seleção de estratégias alimentares. As projecções da retina poderiam mudar o padrão motor para a inclinação da mandíbula acima de um determinado limiar de tamanho, simplesmente com base no nível de estimulação, talvez inibindo o feedback propriocetivo hipoglosso. As projecções odoríferas poderiam ajudar a identificar diferentes tipos de presas e fazer parte de um mecanismo semelhante.

Uma segunda possibilidade é que as projecções permitam a deteção e a captura precisas das presas. Por exemplo, poderia existir um ponto crítico na retina que, quando estimulado, desencadeia um comportamento alimentar que permite uma captura precisa da presa. As projecções olfactivas poderiam ajudar a determinar a proximidade da presa.

Uma terceira possibilidade é que as ligações façam parte do circuito de temporização que permite uma coordenação precisa entre os músculos da mandíbula e da língua. Como mencionado acima, o alongamento por inércia provavelmente evoluiu pelo menos sete vezes em diferentes grupos de anuros. A principal diferença entre o puxão mecânico e o alongamento por inércia é o grau de coordenação entre os músculos da mandíbula e da língua. Esta coordenação pode desenvolver-se rapidamente através da criação de conexões que enviam um sinal de tempo, por exemplo. Este tipo de ligação pode existir entre zonas que não estão relacionadas com a alimentação e os circuitos do tronco cerebral e da espinal medula.

Uma quarta possibilidade é que estas conexões interagem diretamente com padrões sensório-motores codificados no tronco cerebral e na medula espinhal. Os investigadores têm tentado modelar a função cerebelar como a codificação e computação de vectores de força e movimento [21]. No entanto, foi demonstrado que esta informação é codificada na formação reticular e na medula espinal [15, 49, 48, 66, 75, 78, 127, 128, 143]. Os investigadores levantaram a hipótese de que o padrão motor da extensão inercial pode ser metaestável [87]. Se for verdade, isto seria uma propriedade tanto do aparelho biomecânico como do circuito de controlo neural, uma vez que o feedback hipoglosso é fundamental para o timing. A informação que codifica os padrões sensório-motores do comportamento alimentar é codificada diretamente na medula espinal, e as ligações sensoriais diretas podem fazer parte da integração sensório-motora que aí ocorre independentemente das estruturas rostrais, ou podem modificar e controlar estes padrões.

# BIBLIOGRAFIA

[1] C. W. Anderson. The modulation of feeding behaviour as a function of prey type in the frog, Lithobates pipiens. *J Exp Biol*, 179(I):I-12, junho de 1993 (pp. 10, 43,49).

[2] C. W. Anderson. Anatomical evidence for brainstem circuits mediating motor feeding programmes in the leopard frog, Rana pipiens. *Experimental Brain Research*, 140(1^12-19, 2001. (pp. 43, 49, 63)

[3] C. W. Anderson e J. Keifer. O cerebelo e o núcleo vermelho não são necessários para o condicionamento clássico in vitro da resposta do nervo abducente da tartaruga. *J. Neurosci*, 17(24^9736-9745, Dez. 1997. (pp. 50, 93)

[4] C. W. Anderson e J. Keifer. Properties of conditioned responses of the abducens nerve in a highly reduced in vitro brainstem preparation of the turtle. *J Neurophysiol*, 81(3): 1242-1250, Mar. 1999. (Página 50)

[5] C. W. Anderson e K. C. Nishikawa. A prey species-dependent hypoglossal feedback system in the frog Rana pipiens. *Brain, Behaviour and Evolution*, 42(3): 189-196,1993. (página 98)

[6] C. W. Anderson e K. C. Nishikawa. A anatomia funcional e a evolução das aferências hipoglossais na rã-leopardo, Rana pipiens. *Brain Research*, 771(2^285-291, Oct. 1997. (página 98)

[7] C. W. Anderson, K. C. Nishikawa, e J. Keifer. Distribution of hypoglossal motor neurons innervating the prehensile tongue of the African pig-nosed frog, hemisus marmoratum. *Neuroscience Letters*, 244(I):5-8, Mar. 1998. (pp. 21, 43, 49, 97)

[8] Y. Aoyagi, R. Stein, V. Mushahwar e A. Prochazka. O papel das propriedades neuromusculares na determinação do ponto final de um movimento. *IEEE Transactions on Neural Systems & Rehabilitation Engineering*, 12(I):12-23, Mar. 2004. (Página 14)

[9] M. A. Arbib. From the Rana computatrix to human language: Towards a computational neuroethology of language evolution. *Philosophical Transactions of the Royal Society of London. Série A: Ciências Matemáticas, Físicas e de Engenharia*, 361(18II):2345 -2379, Out. 2003. (página 53)

[10] R. C. Arkin, K. Ali, A. Weitzenfeld e F. Cervantes-Perez. Modelos de comportamento do camarão Mantis como base para o comportamento dos robots. *Robotics and Autonomous Systems*, 32(1):39-6o, 2000. (Página 51)

[11] S. Bahar, A. Neiman, L. A. Wilkens, e F. Moss. Sincronização de fase e efeitos de ressonância estocástica no fotorreceptor caudal do lagostim. *Physical Review E*, 65(5)1050901, maio de 2002. Copyright (C) 2009 The American Physical Society; Por favor, reporte quaisquer problemas para prola@aps.org. (página 12,20)

[12] J. A. Bednar e R. Miikkulainen. Evolução orientada por geradores de padrões em modelos auto-organizadores. Em *Computational Neuroscience: Trends in Research, 1998*, páginas 317-323. Springer, 1998. (página 5)

[13] R. D. Beer. Autopoiesis and cognition in the game of life (Autopoiese e cognição no jogo da vida). *Artificial Life*, 10(3)1309-326, junho de 2004 (página 5).

[14] U. Behrens e H. Wagner. Endnerve e visão. *Microscopy Research and Technique*, 65(1-2)125-32, 2004 (página 9).

[15] A. Berkowitz, A. Roberts, e S. R. Soffe. O papel dos interneurónios espinais multifuncionais e especializados na geração de padrões de movimento em girinos, larvas de peixe-zebra e tartarugas. *Frontiers in Behavioural Neuroscience*, 4:36,2010 (páginas 31,36,38,39,93,94,101)

[16] D. H. Bhatt, D. L. McLean, M. E. Hale e J. R. Fetcho. Assessment of movement

strength by changes in firing intensity versus recruitment of interneurons in the spinal cord. *Neuron*, 53(1^91-102, Jan. 2007. (página 38)

[17] A. B. Butler e W. Hodos. *Comparative vertebrate neuroanatomy: evolution and adaptation*. Wiley-Liss, 1ª edição, Jan. 1996 (página 120).

[18] B. A. Chadwell, H. J. Hartwell e S. E. Peters. Comparison of isometric contractile properties in hindlimb extensor muscles of the frogs Rana pipiens and bufo marinus: functional correlations with differences in hopping performance. *Journal of Morphology*, 251(3^309-322, Mar. 2002. (página 14,15)

[19] H. J. Chiel e R. D. Beer. The brain has a body: adaptive behaviour arises from the interaction of nervous system, body and environment. *Trends In Neurosciences*, 20(12^553-557, Dez. 1997. (pp. 14, 93)

[20] Y. Chiu, E. Ballou, e L. Ford. Velocity transients and viscoelastic resistance to active shortening in cat papillary muscle. *Biophysical Journal*, 40(2):i2i-i28, Nov. 1982. 40. (página 15)

[21] P. S. Churchland. *Neurophilosophy: Towards a unified science of mind and brain* (*Neurofilosofia: Para uma ciência unificada da mente e do cérebro*). MIT Press, 1989 (página 101)

[22] D. L. Clark e S. E. Peters. Isometric contractile properties of the sexually dimorphic forelimb muscles of the marine toad Bufo marinus Linnaeus 1758: functional analysis and implications for amplexus. *Journal of Experimental Biology*, 2O9(Pt 17):3448-3456, 2006. (Página 14)

[23] J. D. W. Clarke, D. A. Tonge, e N. H. K. Holder. Stage-dependent recovery of sensory dorsal columns after transection of the spinal cord in anuran tadpoles (Recuperação das colunas sensoriais dorsais após transecção da medula espinal em girinos anuros). *Proceedings of the Royal Society of London. Series B, Biological Sciences*, 227(1246):67-82, Feb. 1986. (Página 6)

[24] C. M. Colvis, J. D. Pollock, R. H. Goodman, S. Impey, J. Dunn, G. Mandel, F. A. Champagne, M. Mayford, E. Korzus, A. Kumar, W. Renthal, D. E. H. Theobald e E. J. Nestler. Epigenetic mechanisms and gene networks in the nervous system (Mecanismos epigenéticos e redes de genes no sistema nervoso). *J. Neurosci*, 25(45):10379-10389, Nov. 2005. (Página 4)

[25] J. E. Cook e T. A. Podugolnikova. Evidence for spatial regularity between retinal ganglion cells projecting to the accessory optic system in a frog, reptile, bird and mammal. *Visual Neuroscience*, 18(2):289-297, Abr. 2001. PMID: 11417803. (página 12)

[26] F. Corbacho, K. C. Nishikawa, A. Weerasuriya, J. Liaw e M. A. Arbib. Schema-based learning of adaptive and flexible prey capture in anurans II: learning after lesion. *Biological Cybernetics*, 93(6):410-425, Dez. 2005. (pp. 17, 52, 53)

[27] F. Corbacho, K. C. Nishikawa, A. Weerasuriya, J. Liaw e M. A. Arbib. Aprendizagem baseada em esquemas de captura adaptativa e flexível de presas em anuros I. A arquitetura básica. *Biological Cybernetics*, 93(6):391-409, 2005. (pp. 17, 53)

[28] W. C. Corning e M. Balaban. *The Mind; Biological Approaches to Its Functions; What the Frog's Eye Tells the Frog's Brain*. Interscience Publishers, Nova Iorque, 1968 (página 12).

[29] P. Crisera. As implicações citológicas da respiração primária. *Medical Hypotheses*, 56(1):40-51, 2001. (pp. 36, 43)

[30] A. d'Avella, P. Saltiel, e E. Bizzi. Combinações de sinergias musculares na construção de comportamentos motores naturais. *Nat Neurosci*, 6(3):300-308, Mar.

2003. (página 35)

[31]  S. Deban e K. Nishikawa. O mecanismo de protrusão da língua em Hyla cinerea e as suas implicações evolutivas. *Amer. Zoology*, 30:141A, 1990 (página 95).

[32]  S. M. Deban e K. C. Nishikawa. A cinemática da captura de presas e o mecanismo de protracção da língua na rã verde hyla cinerea. *J Exp Biol*, 170(1^235-256, Sept. 1992. (página 95)

[33]  S. M. Deban, J. C. O'Reilly, U. Dicke, e J. L. van Leeuwen. Projeção extremamente poderosa da língua em salamandras pletodônticas. *The Journal of Experimental Biology*, 2io(Pt 4^655-667, Feb. 2007. PMID: 17267651. (Página 19, 21)

[34]  S. M. Deban, J. C. O'Reilly, e K. C. Nishikawa. The evolution of motor control of feeding in amphibians. *Amer. Zoology*, 41(6):1280-1298, Dec. 2001. (pp. 20, 43)

[35]  Y. Derobert, M. Medina, J. Rio, R. Ward, J. Reperant, M. Marchand, e D. Miceli. Projecções da retina em duas espécies de crocodilianos, Caiman crocodilus e Crocodylus niloticus. *Brain Structure and Function*, 200(2):175-191, junho de 1999 (páginas 67, 68, 69, 70).

[36]  J. Dowling. Artificial human vision. *Expert Review of Medical Devices*, 2:73-85, Jan. 2005. (Página 12)

[37]  E. A. Dubois, M. A. Zandbergen, J. Peute e H. J. Goos. The evolutionary development of three gonadotropin-releasing hormone (GnRH) systems in vertebrates. *Brain Research Bulletin*, 57(3-4):413-418, Feb. 2002 (página 9).

[38]  S. B. Emerson. The movement of the hyoid bone in frogs during feeding. *American Journal of Anatomy*, 149(1):115-120, maio de 1977 (página 95).

[39]  T. Endo, J. Yoshino, K. Kado, e S. Tochinai. Brain regeneration in anphibians anuran. *Development, Growth and Differentiation*, 49(2):121-129, 2007. (página 2, 6)

[40]  H. R. Erwin, W. W. Wilson, e C. F. Moss. A computational sensorimotor model of bat echolocation. *The Journal of the Acoustical Society of America*, 110(2):1176-1187, 2001. (Página 20)

[41]  M. Evans, K. H. Reid, and J. B. S. Jr. Dimethyl sulfoxide (DMSO) blocks excitatory conduction in peripheral nerve C-fibres: a possible mechanism of analgesia. *Neuroscience Letters*, 150(2):145-148, Fev. 1993. (página 68)

[42]  A. A. Faisal, L. P. J. Selen, e D. M. Wolpert. Noise in the nervous system (Ruído no sistema nervoso). *Nature Reviews Neuroscience*, 9(4):292-303, 2008. (Páginas 11, 12)

[43]  A. Ferguson, E. Crown e J. Grau. Nociceptive plasticity inhibits adaptive learning in the spinal cord. *Neuroscience*, 141(1):421-431, 2006. (pp. 50, 94)

[44]  R. Frazao, L. Pinato, A. V. da Silva, L. R. G. Britto, J. A. Oliveira, e M. I. Nogueira. Evidências de conexões recíprocas entre o núcleo dorsal da rafe e a retina no macaco cebus apella. *Neuroscience Letters*, 43o(2):ii9-i23, Jan. 2008. PMID: 18079059. (Página 12)

[45]  B. Fritzsch. Difusão axonal rápida de aminas de dextrano com um peso molecular de 3000. *Journal of Neuroscience Methods*, 50(1^95-103, Out. 1993. (Páginas 60, 62)

[46]  K. E. Gavrikov, J. E. Nilson, A. V. Dmitriev, C. L. Zucker e S. C. Mangel. Dendritic compartmentalisation of chloride cotransporters underlies diretional responses of starburst amacrine cells in the retina. *Proceedings of the National Academy of Sciences*, 103(49):18793-18798, Dez. 2006. (páginas 6, 10)

[47]  E. J. Gentz. Medicina e cirurgia em anfíbios. *ILAR Journal / National Research Council, Institute of Laboratory Animal Resources*, 48(3):255-259, 2007. PMID: 17592187. (páginas 55, 56)

[48]  S. Giszter, E. Loeb, F. Mussa-Ivaldi, e E. Bizzi. Repeatable spatial maps of some force and joint torque patterns elicited by microstimulation in the frog lumbar

spinal cord. *Human Movement Science*, 19(4):597-626, Oct 2000. 19. (pp. 31, 43, 93, 101)

[49] S. Giszter, F. Mussa-Ivaldi, e E. Bizzi. Campos de força convergentes na medula espinhal da rã. *J. Neurosci*, 13(2):467-491, Fev. 1993. (pp. 31, 39, 43, 93, 101)

[50] F. Gomez-Pinilla, J. Huie, Z. Ying, A. Ferguson, E. Crown, K. Baumbauer, V. Edgerton e J. Grau. BDNF and learning: evidence that instrumental training promotes learning in the spinal cord by upregulating BDNF expression. *Neuroscience*, 148(4):893-906, Sept. 2007. (pp. 50, 94)

[51] J. W. Grau, E. D. Crown, A. R. Ferguson, S. N. Washburn, M. A. Hook e R. C. Miranda. Instrumental learning in the spinal cord: basic mechanisms and implications for recovery after injury. *Behavioural and Cognitive Neuroscience Reviews*, 5(4):191 -239, Dec. 2006. (pp. 50, 94)

[52] K. E. Grens, A. K. Greenwood, e R. D. Fernald. Two visual processing pathways are controlled by gonadotropin-releasing hormone in the retina. *Brain, Behaviour and Evolution*, 66(1):1-9, 2005 (página 9).

[53] K. S. Grossmann, A. Giraudin, O. Britz, J. Zhang e M. Goulding. Dissecção genética de redes motoras rítmicas em ratos. *Advances in Brain Research*, 187:19-37, 2010. PMID: 21111198 PMCID: 3056116. (Página 37)

[54] A. Gruart, P. Bldzquez, e J. M. Delgado-Garaa. A análise cinemática dos movimentos das pálpebras classicamente condicionados no gato indica um local do tronco cerebral para a aprendizagem motora. *Neuroscience Letters*, i75(i-2):8i-4, July 1994. PMID: 7970217. (Página 50)

[55] P. Guertin. Pode a medula espinal aprender e recordar? *TheScientificWorldJour- nal*, 8:757-761, 2008. PMID: 18677430. (página 50, 94)

[56] U. Hahmann e O. Gunturkun. Visual discrimination deficits following lesions of the centrifugal visual system in pigeons (Columba livia). *Visual Neuroscience*, 9(3-4):225-233, Oct 1992. PMID: 1390382. (pp. 9, 10, 12)

[57] M. Halpern, R. Wang, e D. Colman. Centrifugal fibres to the eye in a nonavian vertebrate: source revealed by horseradish peroxidase studies. *Science*, 194(4270):1185-1188, Dez. 1976. (pp. 67, 68, 69, 70)

[58] C. B. Hart e S. F. Giszter. Atitudes pré-motoras modulares e explosões de unidades como primitivos para comportamentos motores em sapos. *J. Neurosci*, 24(22):5269-5282, junho de 2004. (Página 35)

[59] D. V. Harwood e C. W. Anderson. Evidence for the anatomical origins of hypoglossal aferents in the tongue of the leopard frog, Rana pipiens. *Brain Research*, 862(1-2):288-291, Abr. 2000. (página 98)

[60] S. Hattar, H. Liao, M. Takao, D. M. Berson e K. Yau. Células ganglionares da retina contendo melanopsina: Architecture, projections, and intrinsic photosensitivity. *Science*, 295(5557):1065-1070, Feb. 2002. (página 9)

[61] J. Haugeland. *Mind Design II: Filosofia, Psicologia, Inteligência Artificial*. MIT Press, 1997 (página 14, 51)

[62] M. S. Hedrick e R. E. Winmill. Excitatory and inhibitory effects of tricaine (MS-222) on fictive respiration in the isolated bullfrog brainstem. *Am J Physiol Regul Integr Comp Physiol*, 284(2):R405-412, Feb 2003. (pp. 36, 37, 56)

[63] P. Heiduschka e S. Thanos. Restoration of the retinofugal signalling pathway (Restauração da via de sinalização retinofugal). *Progress in Retinal and Eye Research*, 19(5):577-606, Sept 2000. PMID: 10925244. (página 2)

[64] A. Herrel, J. J. Meyers, P. Aerts, e K. C. Nishikawa. The mechanics of prey capture in chameleons (A mecânica da captura de presas em camaleões). *The Journal Of*

*Experimental Biology*, 203(Pt 21):3255-3263, Nov. 2000. (Página 21)

[65] I. Hidaka, D. Nozaki, e Y. Yamamoto. Functional stochastic resonance in the human brain: noise-induced sensitisation of the baroreflex system. *Physical Review Letters*, 85(17):3740, Oct. 2000. Copyright (C) 2009 The American Physical Society; Por favor, reporte quaisquer problemas para prola@aps.org. (página 12, 20)

[66] S. Ho e M. J. O'Donovan. Regionalisation and intersegmental coordination of rhythm generating networks in the chick embryo spinal cord. [1111]*The Journal of Neuroscience: The Official Journal of the Society for Neuroscience*, 3(4): 354- 37, abril de 1993 (pp. 36, 37, 93, 101)

[67] Q. Huang, D. Zhou, e M. DiFiglia. Neurobiotin(TM), a useful neu- roanatomical tracer for anterograde, retrograde, and transneuronal tracing in vivo and for in vitro labelling of neurons. *Journal of Neuroscience Methods*, 41(1^31-43, Jan. 1992. (página 58)

[68] F. Jaramillo e K. Wiesenfeld. Transdução mecanoeléctrica usando o movimento Browniano: Um papel para o ruído no sistema auditivo. *Nature Neuroscience*, 1(5^384-388,1998. (página 12)

[69] D. B. Katz e J. E. Steinmetz. A evidência de unidade única para condicionamento de piscar de olhos no córtex cerebelar é alterada, mas não eliminada, por lesões do núcleo interpositus. *Learning & Memory (Cold Spring Harbor, N.Y.)*, 4(1):88-104, May 1997. PMID: 10456056. (Página 50)

[70] T. Kawai, Y. Oka, e H. Eisthen. The role of terminal nerve and GnRH in neuromodulation of the olfactory system. *Zoological Science*, 26(10):669-680, 2009. (pp. 10, 12)

[71] J. Keifer. In vitro model of the eyeblink reflex: role of excitatory amino acids and labelling of network activity with sulforhodamine. *Experimental Brain Research*, 97(2):239-253, Jan. 1993. (página 63)

[72] J. Keifer, D. Vyas e J. C. Houk. Sulforhodamine labelling of neuronal circuits involved in the generation of movement patterns in the in vitro turtle brainstem cerebellum. *The Official Journal of the Society for Neuroscience*, 12(8):3187-99, Aug. 1992. PMID: 1494952. (Página 63)

[73] M. Keller, M. J. Baum, O. Brock, P. A. Brennan e J. Bakker. Os sistemas olfactivos principal e acessório interagem no controlo do reconhecimento do parceiro e do comportamento sexual. *Behavioural Brain Research*, 200(2):268-276, junho de 2009 (páginas 9, 10, 12).

[74] T. M. Kelly, C. C. Zuo, e J. R. Bloedel. O condicionamento clássico do reflexo de piscar de olhos no coelho descerebrado-decerebelado. *Behavioural Brain Research*, 38(1):7-18, Abr. 1990. PMID: 2346618. (Página 50)

[75] O. Kiehn. Circuitos locomotores na medula espinhal dos mamíferos. *Annual Review of Neuroscience*, 29:279-306, 2006. PMID: 16776587. (Páginas 31, 36, 39, 43, 93, 101)

[76] C. L. Kiselycznyk, S. Zhang, e C. Linster. The role of centrifugal projections to the olfactory bulb in odour processing. *Learning & Memory*, i3(5):575-579, 2006. (Página 9)

[77] C. L. Kiselycznyk, S. Zhang, e C. Linster. The role of centrifugal projections to the olfactory bulb in odour processing (O papel das projecções centrífugas para o bolbo olfativo no processamento de odores). *Learning & Memory*, i3(5):575-579, 2006. (pp. 10, 12)

[78] O. Kjaerulff e O. Kiehn. Distribuição das redes que geram e coordenam a atividade locomotora na medula espinal de ratos neonatos in vitro: Um estudo de lesão. *The Journal of Neuroscience*, i6(i8):5777-5794,1996. (página 43, 93,101)

[79] C. Kobbert, R. Apps, I. Bechmann, J. L. Lanciego, J. Mey, e S. Thanos. Current concepts in neuroanatomical tracking. *Advances in Neurobiology*, 62(4)327351, Nov. 2000. (Página 67)

[80] H. Kolb. Como funciona a retina. *American Scientist*, 91(1):28, 2003 (página 12)

[81] J. J. Kutch, A. D. Kuo, A. M. Bloch e W. Z. Rymer. As flutuações de força no ponto final revelam padrões de cooperação muscular flexíveis em vez de sinérgicos. *Journal of Neurophysiology*, 100(5):2455 -2471, Nov. 2008. (pp. 35, 41, 50, 94)

[82] A. K. Lappin, J. A. Monroy, J. Q. Pilarski, E. D. Zepnewski, D. J. Pierotti e K. C. Nishikawa. Storage and recovery of elastic potential energy during ballistic prey capture in toads (Armazenamento e recuperação de energia potencial elástica durante a captura balística de presas em sapos). *Journal of Experimental Biology*, 209(13):2535- 2553, julho de 2006. (Páginas 15, 99)

[83] P. Lledo, G. Gheusi, e J. Vincent. Information processing in the mammalian olfactory system. *Physiol. Rev*, 85(1):281-317, Jan. 2005. (página 9)

[84] M. L. Lorincz, M. Olah, e G. Juhdsz. Functional consequences of retinopetal fibres originating from the dorsal raphe nucleus. *International Journal of Neuroscience*, 118(10):1374-1383, Oct. 2008. (Página 9)

[85] H. Luksch, W. Walkowiak, A. Munoz, e H. J. ten Donkelaar. The use of in vitro preparations of the isolated central nervous system of amphibians in neuroanatomy and electrophysiology. *Journal of Neuroscience Methods*, 70(1):91- 102, Dez. 1996. (pp. 57, 62)

[86] K. F. MacDorman, K. Tatani, Y. Miyazaki, M. Koeda, e Y. Nakamura. Emergência de protossímbolos baseada na incorporação: experiências com robôs. Em *PROC IEEE INT CONF ROB AUTOM*, volume 2, páginas 1968-1974, 2001. (página 14)

[87] E. S. Mallett, G. T. Yamaguchi, J. M. Birch e K. C. Nishikawa. Feeding motor patterns in anurans: insights from biomechanical modelling. *American Zoologist*, 41(6):1364, Dez. 2001. (pp. 98, 101)

[88] R. Mandal e C. W. Anderson. Anatomical organization of brainstem circuits mediating motor feeding programmes in the marine toad, bufo marinus [Organização anatómica dos circuitos do tronco cerebral que medeiam os programas de alimentação motora no sapo marinho, bufo marinus]. *Brain Research*, 1298:99-110, outubro de 2009 (pp. 43, 63)

[89] R. Mandal e C. W. Anderson. Identificação de fusos musculares no músculo submentalis do sapo marinho, bufo marinus, e sua potencial capacidade proprioceptiva na coordenação mandíbula-língua. *Anatomical Record (Hoboken, N.J.: 2007)*, 293(9):1568-1573, Sept. 2010. PMID: 20652945. (Página 63)

[90] E. Manjarrez, J. G. Rojas-Piloni, I. Mendez, L. Martinez, D. Velez, D. Vazquez, e A. Flores. Ressonância estocástica interna na coerência entre conjuntos neuronais espinhais e corticais no gato. *Neuroscience Letters*, 326(2):93-96, junho de 2002 (páginas 12, 20, 93).

[91] C. Martin, R. Gervais, P. Chabaud, B. Messaoudi, e N. Ravel. Modulação induzida pela aprendizagem das actividades oscilatórias no sistema olfativo dos mamíferos: O papel das fibras centrífugas. *Journal of Physiology-Paris*, 98(4- 6):467-478, 2005. (Página 9)

[92] R. H. Masland. O plano fundamental da retina. *Nat Neurosci*, 4(9):877- 886, 2001. (Página 9)

[93] S. Matsutani e N. Yamamoto. Centrifugal innervation of the mammalian olfactory bulb. *Anatomical Science International*, 83(4):218-227, 2008 (página 9).

[94] D. J. McFarland e J. R. Wolpaw. Interface cérebro-computador (BCI) baseada no

ritmo sensório-motor: Seleção da ordem do modelo para análise espetral autoregressiva. *Journal of Neural Engineering*, 5(2):155-162, 2008. (Página 12)

[95] D. L. McLean, J. Fan, S. ichi Higashijima, M. E. Hale e J. R. Fetcho. A topographic map of recruitment in the spinal cord. *Nature*, 446(7131):71-75, Mar. 2007. (página 39)

[96] M. Medina, J. Reperant, D. Miceli, R. Ward e L. Arckens. Fibras visuais centrífugas imunorreativas à GnRH no crocodilo do Nilo (Crocodylus niloticus). *Brain Research*, 1052(1):112-117, 2005. (pp. 67, 68, 69, 70)

[97] M. Medina, J. Reperant, R. Ward, e D. Miceli. Putative FMRF amide-like immunoreactive retinopetal fibres in Crocodylus niloticus. *Brain Research*, 1025(1/2):231-236, Out. 2004 (pp. 67, 68, 69, 70)

[98] J. J. Meyers, A. Herrel e K. C. Nishikawa. Comparative study of the innervation patterns of hyobranchial musculature in three iguanian lizards: Sceloporus undulatus, Pseudotrapelus sinaitus, and Chamaeleo jacksonii. *The Anatomical Report*, 267(2):177-189, junho 2002 (página 21).

[99] J. J. Meyers, J. C. O'Reilly, J. A. Monroy e K. C. Nishikawa. Mechanism of tongue extension in microhylid frogs. *The Journal Of Experimental Biology*, 207(Pt i):2i-3i, Jan. 2004. (Página 95)

[100] D. Miceli, J. Reperant, R. Bavikati, J. P Rio, e M. Volle. Aferências do tronco cerebral sobre neurónios ectópicos e istmo-ópticos projectados na retina do sistema visual centrífugo do pombo demonstradas pelo transporte transneuronal retrógrado de beta-isotiocianato de rodamina. *Visual Neuroscience*, 14(2^213- 224, Abr. 1997. PMID: 9147474. (páginas 67, 68, 69, 70)

[101] S. A. Middler, C. R. Kleeman, e E. Edwards. Influence of tricaine methane sulfonate anesthesia on fluid and salt metabolism of the toad, bufo marinus. *Comparative Biochemistry and Physiology*, 24(3):1065-1067, Mar. 1968. (Página 56)

[102] R. F. Miller e S. A. Bloomfield. Electroanatomia de uma célula amácrina única na retina do coelho. *Proceedings of the National Academy of Sciences of the United States of America*, 80(10):3069-3073, May 1983. PMC393975. (página 10)

[103] A. D. Morgan. *A Budget of Paradoxes*. Longmans, Green, and Co. 1872 (página 27).

[104] T. Mori e S. Kai. Noise-Induced entrainment and stochastic resonance in human brain waves. *Physical Review Letters*, 88(21):218101, maio de 2002. Copyright (C) 2009 The American Physical Society; por favor, reporte quaisquer problemas para prola@aps.org. (página 12, 20)

[105] F. Moss, L. M. Ward, e W. G. Sannita. Stochastic resonance and sensory information processing: a tutorial and review of applications. *Clinical Neurophysiology*, 115(2):267-281, Feb. 2004. (pp. 12, 20, 93)

[106] A. Mouret, K. Murray, e P. Lledo. Centrifugal drive on local inhibitory interneurons of the olfactory bulb. *Annals of the New York Academy of Sciences*, 1170(1):239-254, 2009. (páginas 10, 12)

[107] D. Mullens e V. Hutchison. Diel, seasonal, postprandial and food-deprived thermoregulatory behaviour in tropical toads (Bufo marinus). *Journal of Thermobiology*, 17(1):63-67, Jan. 1992. 17. (página 52)

[108] J. B. Nielsen. A integração sensório-motora ao nível da coluna vertebral como base para a coordenação muscular em movimentos humanos voluntários. *J Appl Physiol*, 96(5):1961-1967, maio 2004. (Página 30)

[109] K. C. Nishikawa. Feeding in frogs. Em *Feeding: Form, function and evolution in tetrapod vertebrates*, páginas 117-147, Academic Press, 2000. (páginas 43, 49, 95, 97, 98)

[110] K. C. Nishikawa e C. Gans. O papel do feedback sensorial hipoglossal durante a alimentação no sapo marinho, bufo marinus. *The Journal Of Experimental Zoology*, 264 (3): 245-252, dezembro de 1992. (pp. 98, 99)

[111] K. C. Nishikawa e C. Gans. Mechanisms of tongue extension and nasal closure in the marine toad bufo marinus (Mecanismos de extensão da língua e fecho nasal no sapo marinho bufo marinus). *The Journal Of Experimental Biology*, i99(Pt 11)12511-2529, Nov. 1996. (pp. 95, 97)

[112] K. C. Nishikawa, W. M. Kier, e K. K. Smith. Morfologia e mecânica do movimento da língua na rã africana Hemisus marmoratum: um modelo hidrostático muscular. *The Journal Of Experimental Biology*, 202(Pt 7)771-780, Abr. 1999. (pp. 21, 97)

[113] K.C. Nishikawa e G. Roth. O mecanismo de retração da língua durante a captura de presas na rã Discoglossus pictus. [11]*J Exp Biol*, 159(1^217-234, Sept. 99 . (página 95)

[114] R. J. Norman, J. S. Buchwald, e J. R. Villablanca. Classical conditioning with auditory discrimination of the eye blink in decerebrate cats. *Science (New York, N.Y.)*, 196(4289)751-3, Abr. 1977. PMID: 850800. (Página 50)

[115] H. Ohno, S. Yonezawa, F. Arimura, e H. Uchiyama. O sistema visual centrífugo das aves e a sua possível contribuição para a atenção focal. *International Congress Series*, 1269:61-64, 2004. (pp. 9,10,12)

[116] R. W. Oppenheim. Cell death during the development of the nervous system. *Annual Review of Neuroscience*, 14(1)453-501,1991. (Página 5)

[117] J. C. O'Reilly, A. P. Summers, e D. A. Ritter. The evolution of the functional role of trunk musculature during locomotion in adult amphibians. *Amer. Zoology*, 4o(i):i23-i35, Fev. 2000 (página 36).

[118] S. Perrett, B. Ruiz, e M. Mauk. As lesões do córtex cerebelar interrompem o tempo de aprendizagem dependente das respostas condicionadas das pálpebras. *J. Neurosci.*, 13(4): 17081718, Abr. 1993. (Página 50)

[119] S. E. Peters e K. C. Nishikawa. Comparação das propriedades contrácteis isométricas dos músculos da língua em três espécies de rãs, Litoria caerulea, Dyscophus guinetti e Bufo marinus. *Journal of Morphology*, 242(2): 107-124, Nov. 1999. (página 14)

[120] G. V. D. Prisco, E. Pearlstein, D. L. Ray, R. Robitaille e R. Dubuc. A cellular mechanism for the conversion of a sensory input into a motor command. *J. Neurosci.*, 20(21^8169-8176, Nov. 2000. (pp. 31, 36)

[121] N. Rajakumar, K. Elisevich, e B. Flumerfelt. Biotinylated dextran: a versatile anterograde and retrograde neuronal tracer. *Brain Research*, 6o7(i-2):47-53, Abr. 1993. (página 60)

[122] V. S. Ramachandran e W. Hirstein. Three laws of qualia - O que a neurologia nos diz sobre as funções biológicas da consciência, dos qualia e do self. *Journal of Consciousness Studies*, 4(5/6):385-388, Dez. 2008. (página 8)

[123] J. Reperant, M. Medina, R. Ward, D. Miceli, N. Kenigfest, J. Rio, e N. Vesselkin. A evolução do sistema visual centrífugo dos vertebrados. Uma análise cladística e novas hipóteses. *Brain Research Reviews*, 53(i):i6i-i97, Jan. 2007. (página 9, io, i2)

[124] J. Reperant, R. Ward, D. Miceli, J. Rio, M. Medina, N. Kenigfest e N. Vesselkin. O sistema visual centrífugo dos vertebrados: uma análise comparativa da sua organização anatómica funcional. *Brain Research Reviews*, 52(i):i-57, Aug. 2006. (página 9)

[125] R. R. Robison, R. B. White, N. Illing, B. E. Troskie, M. Morley, R. P Millar e R. D. Fernald. Gonadotropin-releasing hormone recetor in the teleost Haplochromis

burtoni: structure, location and function. *Endocrinology*, 142(5):i737-i743, May 2001. PMID: II3I6736. (página i0, i2)

[126] G. Roth, U. Dicke, e W. Grunwald. Morfologia, padrões de projeção axonal e tipos de resposta dos neurónios tectrais em salamandras plethodontic. II: Experiências de registo e marcação intracelular. *The Journal of Comparative Neurology*, 404(4)489-504, Feb. I999. PMID: 9987993 (Página I9, 2i)

[127] P. Saltiel, K. Wyler-Duda, A. D'Avella, M. C. Tresch, e E. Bizzi. Sinergias musculares codificadas na medula espinhal: Evidence from focal intraspinal NMDA iontophoresis in the frog. *J Neurophysiol*, 85(2):605-6i9, Feb 200I. (pp. 35, 93, i0i)

[128] R. F. Samara e S. N. Currie. Location of spinal cord pathways controlling hindlimb movement amplitude and interlimb coordination during voluntary swimming in turtles. *Journal of Neurophysiology*, 99(4): I953 -I968, Abr. 2008. (pp. 3I, 36, 38, 39, 43, 93, 94, i0i)

[129] T. M. Scott e J. Foote. A study of degeneration, scarring and regeneration after transection of the optic nerve in the frog, Rana pipiens. *Journal of Anatomy*, i33(Pt 2)^3-225, Sept I98I. (página 6)

[130] K. Seki, S. I. Perlmutter, e E. E. Fetz. Sensory input to the spinal cord of primates is presynaptically inhibited during voluntary movements. *Nat Neurosci*, 6(i2):i309-i3i6, Dez 2003. (pp. 9, 93)

[131] C. Sherrington. *Man and his Nature*. Cambridge University Press, 1951 (página vii).

[132] S. Shu, G. Ju, e L. Fan. O método da glucose oxidase-DAB-níquel na histoquímica da peroxidase do sistema nervoso. *Neuroscience Letters*, 85(2):i69- 171, Feb. 1988. (Página 58)

[133] B. H. Singer, S. Kim e M. Zochowski. A interação binária e a entrada centrífuga aumentam o contraste espacial durante a ativação do bolbo olfativo. *European Journal of Neuroscience*, 25(2):576-586, 2007. (Página 9)

[134] J. M. Slack. Amphibian muscle regeneration - dedifferentiation or satellite cells? *Trends in Cell Biology*, 16(6^273-275, junho de 2006. (Página 6)

[135] S. Soffe. Dois padrões de movimento rítmico distintos são controlados por neurónios pré-motores e motores comuns numa medula espinal de vertebrado simples. *The Journal of Neuroscience*, 13(10):4456-4469, Oct. 1993. (página 38)

[136] M. Spath e W. Schweickert. The effect of metacaine (MS-222) on the activity of efferent and aferent nerves in the lateral line system of teleosts. *Naunyn-Schmiedebergs Archiv für Pharmakologie*, 297(1):9-16, Mar. 1977. (Página 55)

[137] W. R. Stark e W. H. Hughes. Redes de autómatos irregulares assíncronos: o caminho não percorrido. *Biosystems*, 55(1-3):107-117, Fev. 2000. (Página 5)

[138] R. B. Stein, D. J. Weber, Y. Aoyagi, A. Prochazka, J. B. M. Wagenaar, S. Shoham e R. A. Normann. Coding of position by simultaneously recorded sensory neurons in the dorsal root ganglion of the cat. *The Journal Of Physiology*, 560(Pt 3):883-896, Nov. 2004. (pp. 30, 93)

[139] C. Straus, K. Vasilakos, R. J. A. Wilson, T. Oshima, M. Zelter, J. Derenne, T. Similowski e W. A. Whitelaw. A phylogenetic hypothesis for the origin of swallowing tough. *BioEssays*, 25(2):182-188, 2003 (página 36).

[140] C. Tin e C. Poon. Modelos internos na integração sensório-motora: perspectivas da teoria do controlo adaptativo. *Journal of Neural Engineering*, 2(3):S147-S163, 2005. (pp. 44, 93)

[141] G. Torres-Oviedo e L. H. Ting. Sinergias musculares que caracterizam as respostas posturais humanas. *Journal of Neurophysiology*, 98(4):2144-2156, Out. 2007. (Página

35)

[142] M. C. Tresch e A. Jarc. A plea for and against muscle synergies. *Current Opinion in Neurobiology*, 19(6):601-607, Dez. 2009. (página 35)

[143] M. C. Tresch e O. Kiehn. Codificação da fase locomotora em populações de neurônios nos segmentos rostral e caudal da medula espinhal lombar de ratos neonatos. *Journal of Neurophysiology*, 82 (6): 3563-3574, dezembro de 1999. (pp. 36, 43, 93, 101)

[144] M. C. Tresch e O. Kiehn. Synchronisation of motor neurons during locomotion in the neonatal rat: predictors and mechanisms. *J. Neurosci.*, 22(22^9997-10008, Nov. 2002. (Página 30)

[145] E. C. Tsai, R. L. van Bendegem, S. W. Hwang, e C. H. Tator. A novel method for simultaneous anterograde and retrograde labelling of spinal cord motor pathways in the same animal. *J. Histochem. Cytochem.* 49(9^1111-1122, Sept. 2001. (página 61)

[146] D. Tucker e O. U. Press. *Mind from body: experience from neural structure.* Oxford University Press" Oxford ;;Nova Iorque :, 2007. (página 14)

[147] A. Vercelli, M. Repici, D. Garbossa, e A. Grimaldi. New techniques for tracing conduction pathways in the central nervous system of developing and adult mammals. *Brain Research Bulletin*, 51(1):11-28, Jan. 2000. (pp. 60, 61)

[148] S. V. Wassenbergh, J. Strother, B. Flammang, L. Ferry-Graham e P. Aerts. Extremely fast prey capture in pipefish is driven by elastic recoil. *Journal of the Royal Society Interface*, 5(20):285-296, Mar. 2008. 5. (página 15)

[149] J. D. Weiland, W. Liu, e M. S. Humayun. Prótese de retina. *Annual Review of Biomedical Engineering*, 7:361-401, 2005. PMID: 16004575. (Página 12)

[150] R. J. A. Wilson, K. Vasilakos, M. B. Harris, C. Straus e J. E. Remmers. Evidence that respiratory rhythmogenesis in the frog involves two distinct neural oscillators. *Journal of Physiology*, 540(2):557-570, Abr. 2002. (pp. 36, 37)

[151] R. E. Winmill e M. S. Hedrick. Developmental changes in the modulation of respiratory rhythm generation by extracellular k+ in the isolated bullfrog brainstem. *Journal of Neurobiology*, 55(3):278-287, 2003. (pp. 36, 37, 43)

[152] D. Wolpert, Z. Ghahramani, e M. Jordan. Um modelo interno para a integração sensório-motora. *Science*, 269(5232):1880-1882, Sept. 1995. (pp. 15, 45)

[153] H. J. Wyatt e N. W. Daw. Diretion-sensitive ganglion cells in the rabbit retina: specificity for stimulus direction, size and velocity. *J Neurophysiol*, 38(3):613-626, maio de 1975. (Página 12)

[154] N. Yamamoto. Três grupos neuronais da hormona libertadora de gonadotropina com especial referência ao teleósteo. *Anatomical Science International*, 78(3):139-155, 2003. (pp. 10, 12)

[155] L. Zaborszkv, L. Heimer, F. G. Wouterlood, e J. L. Lanciego. *Neuroanatomical tract tracing 3: Molecules, neurons, and systems.* Springer US, maio de 2006 (páginas 59, 60).

Parte 5

# APÊNDICE

UM RELÓGIO CEGO (com todo o respeito por Richard Dawkins)

Mesmo sob forte pressão de seleção, os organismos podem não se adaptar como um engenheiro humano esperaria. Em primeiro lugar, o organismo pode não ser capaz de se adaptar a uma pressão. Este facto seria muito difícil de reconhecer, uma vez que o organismo não se extingue necessariamente. Se olharmos para a história evolutiva desse organismo, veremos normalmente alterações no fenótipo porque outras forças, como a seleção sexual, a deriva genética e a mutação aleatória, continuarão a alterar o genótipo do organismo.

Em segundo lugar, um organismo pode adaptar-se a uma pressão de seleção que limita os seus recursos, simplificando e reduzindo a sua estrutura e, eventualmente, a sua função. Em casos extremos, um organismo multicelular complexo pode um dia evoluir para um organismo unicelular. Embora as estruturas que foram simplificadas e reduzidas possam parecer objectos de estudo atraentes, podem muitas vezes ser bastante complexas e confusas. Consideremos um vertebrado hipotético com um córtex cerebral bem desenvolvido que evolui para um organismo com menos cérebro e mais tronco cerebral. Este organismo parece representar um estado basal para o grupo, mas as suas estruturas cerebrais aparentemente simples podem ter funções complexas e novas caraterísticas que representam funções que se deslocaram do córtex cerebral.

Mais processamento com menos estrutura neuronal pode, de facto, complicar a modelação e a análise das funções, uma vez que muitos componentes óbvios parecem ter mais do que uma função primária. Pode ser o caso do bolbo visual das aves. Pensa-se que esta pequena estrutura é comparável ao córtex cerebral dos mamíferos. As reduções do peso e da taxa metabólica basal de um animal, relacionadas com a sua condição física, tendem a reduzir o tamanho das estruturas cerebrais. O SNC, enquanto órgão, consome muita energia, e o seu alojamento, incluindo o líquido cefalorraquidiano e o esqueleto, aumenta o peso. As aves consomem muita energia para voar, e o seu peso deve ser limitado. Sem uma teoria avançada dos sistemas dinâmicos e sem dados empíricos ao nível do detalhe citoarquitectónico de cada experiência, parece difícil analisar a protuberância. É possível que o cérebro anatómico relativamente simples dos anfíbios represente uma caraterística derivada [17]. A escolha de sistemas aparentemente simples facilita a recolha de dados e possivelmente a análise, mas pode complicar a interpretação dos resultados. É preciso ter cuidado para evitar suposições do tipo scala naturae, ou seja, que os organismos que parecem representar um estado basal para um grupo-alvo têm menos complexidade funcional e interação com o seu ambiente.

A terceira possibilidade, a adição de novas estruturas e funções, tende a ser mais fácil de analisar, pelo menos para a nova estrutura considerada isoladamente. O aumento da área do córtex cerebral e a importância das funções cerebrais nos mamíferos são geralmente considerados como este tipo de adaptação. Pelo menos para o estudo inicial, pode frequentemente assumir-se que as novas estruturas desempenham funções que não estavam presentes na linhagem ancestral. Estas estruturas tendem a ter menos funções primárias, o que pode facilitar a modelação e a análise de um sistema. Por outro lado, a seleção natural impõe restrições à adaptação que são simultaneamente específicas da espécie e ambientais. Estas restrições, bem como a natureza estocástica do processo de adaptação, significam que as estruturas não são simplesmente acrescentadas à medida que são necessárias. Por conseguinte, pode ser muito difícil definir exatamente que função foi acrescentada a uma estrutura ou sistema.

A.1 A SELEÇÃO NATURAL É FLEXÍVEL

Pense nos chamamentos das aves. Muitas aves têm um chamamento muito específico e altamente estereotipado que utilizam para avisar o seu bando de predadores. As aves que não foram expostas a predadores durante um longo período de tempo na sua história evolutiva, como pode ser o caso numa ilha isolada nas Galápagos, podem adaptar os seus chamamentos da forma que quiserem sem afetar a sua aptidão. É tentador assumir que os organismos tendem a adaptar-se eliminando caraterísticas supérfluas, mas não há razão para o fazer, especialmente se a caraterística não requer recursos substanciais para ser mantida. Assim, um investigador que tentasse interpretar os chamamentos destas aves do ponto de vista de uma rede social funcional que aumenta a aptidão do bando poderia ser induzido em erro pelo uso estranho e aparentemente inapropriado de chamamentos que outrora serviam para evitar predadores.

Muitas caraterísticas podem, de facto, ter sido sujeitas a uma pressão decrescente ao longo da evolução de um organismo. O enfraquecimento da seleção natural sobre uma caraterística pode não estar relacionado com o sucesso e a aptidão do organismo. Uma pressão extremamente forte sobre uma caraterística pode efetivamente eliminar a pressão de seleção noutras áreas. Considere-se um organismo que é exposto a uma nova pressão selectiva: um agente patogénico que é quase sempre letal. Nestas condições, os efeitos de outras pressões ambientais, como a predação, a nutrição e o acasalamento, são efetivamente reduzidos e o organismo tem de se adaptar para sobreviver à infeção. Por conseguinte, muitas caraterísticas deste organismo que não estão relacionadas com a imunidade parecem ter sofrido um relaxamento da seleção natural, confundindo muitas ferramentas poderosas de análise de sistemas.

A.2 AVES E ABELHAS

A seleção de caraterísticas que são importantes para os chamados quatro F da sobrevivência (alimentação, fuga, luta e reprodução) é uma forma de selecionar caraterísticas que estão sob forte pressão de seleção e que podem ser analisadas utilizando uma abordagem de engenharia e otimização de sistemas. A seleção sexual é geralmente uma escolha difícil, uma vez que são os próprios organismos que provocam a adaptação. Por conseguinte, é necessário conhecer muito bem, *desde o início,* o comportamento dos organismos ao longo da sua história evolutiva, a fim de garantir a seleção de um bom sistema para o estudo. A luta ou a fuga dos predadores também pode ser uma pressão difícil de determinar. Por um lado, é difícil ter a certeza de que os predadores observados atualmente são os mesmos que existiam anteriormente na filogenia. Como mencionado anteriormente, outras influências, tais como agentes patogénicos virulentos, podem frequentemente reduzir o impacto destas pressões. Por fim, a evitação de predadores afecta normalmente a maior parte do organismo, e é difícil selecionar uma caraterística específica que foi certamente submetida a uma forte seleção durante um longo período de tempo sem fazer suposições potencialmente controversas. A alimentação é normalmente uma boa escolha. Todos os organismos precisam de se alimentar, e a pressão é normalmente muito forte e tende a diminuir ao longo da filogenia. Embora um animal possa utilizar muitos sistemas biológicos para encontrar e metabolizar a sua fonte de alimento, o ato de se alimentar depende frequentemente de um número bastante limitado de estruturas.

OS DISCRETOS E OS MORTOS

Há muitas razões pelas quais pode ser difícil modelizar, analisar ou calcular sistemas.

Tanto para os cálculos não lineares como para os cálculos no domínio da frequência, as restrições da atual teoria matemática e da tecnologia informática ditam que os sistemas de equações devem ser resolvidos de forma discreta. Isto significa que os valores são calculados como pontos e não como intervalos contínuos. Existem muitos métodos para determinar exatamente quantos pontos devem ser calculados ou quão grande pode ser a distância entre eles, de modo a atingir um nível de erro desejado para muitos tipos de cálculo.

A natureza discreta dos métodos numéricos utilizados para trabalhar com muitos sistemas matemáticos torna-se problemática com transformações complexas no domínio da frequência e com muitos sistemas dinâmicos importantes. Se quiser calcular a área sob um segmento de reta, só precisa de dois pontos. Para formas mais complexas, são necessários mais pontos. Um segmento infinitamente complexo necessitaria de um número infinito de pontos. Com os sistemas acima referidos, pode não ser possível determinar o número de pontos necessários para uma estimativa. Outro problema decorre do facto de estes tipos de sistemas de equações e as suas soluções não poderem ser determinados a partir de um conjunto limitado de dados. Para uma linha reta, são necessários apenas dois pontos para determinar completamente a equação da linha. No entanto, para uma reta infinitamente complexa, seria necessário determinar um número infinito de pontos para se ter a certeza absoluta de que a estimativa da equação que descreve essa curva é tão exacta quanto necessário. Este pode ser o caso quando um investigador tenta utilizar esses dados para formular um modelo. Essencialmente, os investigadores podem não ser capazes de determinar a complexidade e, por conseguinte, a resolução necessária para a recolha de dados ou para o modelo computacional.

## PREVISIBILIDADE NA ERA DO HOMEM

Os problemas que são difíceis ou impossíveis de calcular não são necessariamente impossíveis de resolver em termos teóricos. A prova de que um problema é impossível de resolver requer normalmente outros métodos matemáticos ou simbólicos. Por exemplo, Kurt Godel usou a teoria dos conjuntos para provar que qualquer sistema consistente é incapaz de se descrever a si próprio. Com base nisto, conseguiu provar que a matemática nunca pode ser usada para definir números. A prova realmente completa, que consiste em dois teoremas e é estritamente definida, aplica-se a uma série de sistemas em matemática e noutros domínios e é conhecida como o teorema da incompletude de Godel.

Os problemas imprevisíveis podem ser teoricamente solucionáveis, mas podem não ser possíveis dentro dos limites do nosso universo. Existem métodos para determinar o computador mais rápido teoricamente possível, com base na física teórica e nas propriedades conhecidas do Universo. Os investigadores que falam de computabilidade podem estar a falar de problemas que poderiam ser resolvidos dentro do tempo de vida teórico do universo, da galáxia, do planeta ou do tempo que a espécie humana poderia existir antes da extinção. Embora estes períodos de tempo enormes e estes computadores teóricos espantosos possam captar a imaginação, muitos biólogos esperam evitar trabalhar em problemas que não possam ser resolvidos antes de os humanos deixarem de existir ou mesmo antes de eles próprios morrerem. Haverá sempre investigadores que trabalham deliberadamente em problemas aparentemente insolúveis, mas é útil para a ciência como um todo que os investigadores tomem estas decisões de forma consciente.

O método mais comum para determinar a computabilidade de um problema é mostrar quantas etapas e, portanto, quanto tempo é necessário para calcular uma resposta a uma pergunta. O tempo máximo necessário para resolver problemas idênticos de dimensão N pode ser determinado e descrito como uma função de N . Por exemplo, os tempos podem ser exponenciais em relação a N ou descritos por uma equação polinomial. Determinar a dimensão e os tempos exactos de certos problemas pode ser muito difícil e requer normalmente um perito em computabilidade ou complexidade. No entanto, se for possível demonstrar que um problema é equivalente ou redutível a um problema previamente descrito, a teoria da computabilidade existente pode ser aplicada diretamente.

Um problema particularmente adequado é o chamado "Problema do Caixeiro Viajante". O problema baseia-se num caixeiro-viajante hipotético que tem de visitar uma lista de cidades. Este problema pertence à classe dos problemas NP, NP-difícil e NP-completo, o que significa que o tempo de computação está relacionado com o tempo polinomial não determinístico. O problema do caixeiro-viajante é NP-difícil, ou seja, é pelo menos tão difícil de resolver como qualquer problema da classe NP de problemas. Neste problema, o caminho mais curto através de um pequeno número de cidades é computável, embora normalmente não de forma muito eficiente, uma vez que todos os caminhos possíveis têm de ser computados. À medida que a dimensão do problema aumenta, por exemplo, se existirem milhares de milhões de pontos no mapa, o tempo necessário para calcular uma solução aumenta rapidamente. Por exemplo, pode demonstrar-se que o computador mais rápido possível não consegue resolver o problema antes do fim do universo, se a dimensão do problema for finita.

## C.1 TRIVIALIDADES LÓGICAS

É importante utilizar modelos puramente descritivos quando se analisam sistemas com muitas propriedades desconhecidas. Os modelos preditivos são empolgantes e constituem o objetivo final da investigação científica. No entanto, os modelos preditivos criados com dados insuficientes podem apresentar inconsistências e prever propriedades que parecem desafiar a razão. Os modelos puramente descritivos podem também, ocasionalmente, apresentar propriedades inesperadas ou difíceis de prever, mesmo que estas decorram logicamente de forma trivial dos dados.

Tomemos, por exemplo, o modelo conexionista, também conhecido como rede neuronal artificial. Este modelo foi originalmente desenvolvido como uma simulação de redes neurais biológicas com base no que se sabia ao certo sobre alguns tipos de neurónios. Descobriu-se que o modelo conexionista é de facto aplicável a muitos tipos de redes biológicas, desde redes enzimáticas a redes ecológicas. O desenvolvimento de uma rede conexionista, incluindo a aprendizagem de regras para a rede, e a sua aplicação a problemas específicos revelaram algumas caraterísticas e limitações interessantes das redes construídas desta forma. Embora o modelo seja uma forte simplificação de quase todas as redes biológicas, mostrou como o reconhecimento de padrões e a aprendizagem podem ser implementados numa rede deste tipo. O modelo conexionista também ilustrou o tecido neural que precisa de ser investigado e determinado empiricamente para criar um modelo mais completo. As redes neuronais continuam a orientar alguns investigadores e são utilizadas de forma muito eficaz em algumas aplicações informáticas únicas, como o reconhecimento da fala e a análise de radares.

Os modelos puramente descritivos podem orientar investigações úteis e a recolha de dados, realçar lacunas importantes no conhecimento sobre os sistemas e permitir que os investigadores extraiam informações das experiências, mesmo que uma hipótese de trabalho se revele incorrecta.

BURACOS DE GAP
Quando os filósofos naturais falam de propriedades emergentes, muitas vezes não se referem a propriedades específicas como o caos, a auto-similaridade infinita ou a dependência das condições iniciais. Poderá haver propriedades emergentes que não podem ser previstas, estimadas ou mesmo supostas. Alguns filósofos naturais sugeriram que as propriedades funcionais importantes de um organismo podem ser propriedades emergentes que surgem diretamente do sistema de biomoléculas que o constituem, ou mesmo das interações biomoleculares de toda a biosfera. Embora isto seja teoricamente possível, é altamente improvável por uma série de razões. Para sermos justos, a maioria dos que falam desta possibilidade no universo não querem necessariamente dizer que é uma propriedade da vida existente na Terra, apenas que é uma possibilidade teórica para as formas de vida.
As propriedades emergentes de um sistema não podem ser previstas a partir dos seus componentes. As propriedades emergentes não podem normalmente ser previstas com base na semelhança com sistemas que não têm essas propriedades emergentes. Normalmente, não há forma de desenvolver propriedades emergentes com base num conjunto de sistemas semelhantes. A seleção natural e a adaptação não têm, portanto, qualquer influência no aparecimento de novas propriedades que não estejam já presentes. Embora as propriedades emergentes possam ser generalizadas como um conjunto de propriedades gerais, é pouco provável que as propriedades emergentes específicas que têm efeitos específicos na aptidão de um determinado organismo num determinado ambiente sejam generalizadas. Muitas propriedades emergentes serão altamente instáveis e transitórias. Por exemplo, considere-se uma propriedade emergente que resulta de um conjunto muito grande de elementos, cada um dos quais diferente. A alteração das propriedades de um único elemento pode anular a propriedade emergente. Se uma caraterística deste tipo tiver surgido durante a filogénese, desaparecerá quase sempre de imediato, a menos que seja exercida uma pressão extrema, possivelmente exclusiva, para preservar a caraterística. Muitas alterações no organismo que resultam da adaptação a outras pressões podem anular as propriedades das quais depende a propriedade emergente.
A probabilidade de uma propriedade emergente resultante da interação das propriedades dos componentes mais pequenos de um sistema biológico ser imediatamente adaptável e permanecer estável no fenótipo do organismo é negligenciável e ordens de grandeza inferior à probabilidade de uma determinada mutação ser imediatamente adaptável. A probabilidade de que a aptidão do sistema biológico seja completamente determinada por esta caraterística é ainda menor. Por exemplo, podemos assumir que uma grande colónia de bactérias não desenvolverá propriedades emergentes que a levem a organizar-se espontaneamente num organismo multicelular complexo e que, se o fizesse, não estaria bem adaptada ao ambiente em que evoluiu. Com uma complexidade crescente e misturas de células mais heterogéneas, a probabilidade de tais propriedades surgirem espontaneamente diminui ainda mais. A probabilidade de um organismo que funciona desta forma através de propriedades emergentes evoluir é inimaginavelmente pequena, da ordem de um único caso num número inimaginavelmente grande de universos possíveis.
Do ponto de vista do raciocínio indutivo, esta utilização do conceito de propriedades emergentes também é inadequada. As propriedades emergentes não parecem surgir

desta forma em nenhum lugar do universo observado até agora. Poder-se-ia dizer que uma amostra de rocha tem propriedades emergentes que surgem de partículas atómicas ou subatómicas e que fazem com que seja uma determinada amostra de rocha. No entanto, a rocha pode ser composta por domínios e subdomínios cristalinos. Por conseguinte, a maior parte das propriedades de uma determinada amostra de rocha podem não ser de todo propriedades emergentes, ou podem ser propriedades emergentes, mas sim propriedades emergentes da interação de subdomínios potencialmente macroscópicos na rocha. Um grande pedaço de metal amorfo tem muitas propriedades que são previsíveis com base num pequeno conjunto de moléculas de metal amorfo e que não se assemelham de forma alguma a propriedades emergentes. Quase todos os sistemas de matéria podem ser analisados de forma semelhante, e pode ser demonstrado que têm muitas propriedades que, pelo menos, não dependem inteiramente de propriedades emergentes que surgem diretamente da interação dos seus componentes mais pequenos. A doutrina do sistema célula-tecido-órgão mostra que muitas propriedades de um organismo não surgem como propriedades emergentes dos elementos mais pequenos do organismo. Mostra também como as propriedades emergentes podem ser organizadas hierarquicamente. As propriedades emergentes de uma única célula podem interagir para dar origem às propriedades emergentes dos componentes do tecido, que por sua vez podem interagir para dar origem às propriedades emergentes de um órgão.

Utilizar o termo "propriedades emergentes" desta forma também não é exatamente agradável do ponto de vista estético para a maioria dos biólogos. A afirmação de que as propriedades da vida são propriedades emergentes que não podem ser previstas e que resultam da interação de enormes colecções de células ou biomoléculas é comparável a dizer que as propriedades do universo não podem ser determinadas a partir das propriedades de um grão de poeira, uma observação que não é de modo algum nova. É provável que existam propriedades emergentes no universo, mas esta afirmação pode não ser particularmente informativa para um investigador. Suponhamos, por exemplo, que algumas propriedades funcionais importantes de um organismo são, na verdade, propriedades emergentes que surgem diretamente de um enorme conjunto de células ou biomoléculas. Isto diz ao investigador que estas propriedades do organismo devem ser medidas e observadas diretamente, um facto que muitas vezes não altera os métodos experimentais utilizados.

## COMPLEXIDADE NA NATUREZA E NA TECNOLOGIA

Os sistemas biológicos não serão capazes de lidar com questões de complexidade melhor do que os investigadores. Uma descrição completa de todo o sistema nervoso, detalhada ao nível da citoarquitectura, não pode ser codificada no material genético de uma única célula totipotente. Não é necessário, nem útil, nem possível desenvolver uma simulação realista do desenvolvimento e da função do SNC com base apenas nas propriedades de células individuais. Isto deve-se principalmente a problemas de computabilidade e aplica-se geralmente a todas as grandes deslocações entre escalas.

Um processo que requer a determinação de propriedades emergentes ou não computáveis a partir de componentes do sistema não é possível para os seres humanos ou para os tecidos de um organismo. Um organismo não pode normalmente "adaptar" propriedades emergentes controlando os componentes individuais que dão origem à propriedade. A seleção natural e a adaptação não envolvem normalmente a evolução ou o aparecimento de novas caraterísticas que ainda não existam. A seleção natural e a adaptação têm geralmente muito pouco efeito na evolução da maioria das propriedades emergentes que já existem, se é que têm algum efeito. Os investigadores não conseguem determinar exatamente quais as propriedades emergentes que resultarão dos componentes de um determinado sistema. Os investigadores não conseguem distinguir entre propriedades emergentes e dados em falta.

O controlo adaptativo, a modelização interna, a modularidade e outros mecanismos de gestão do controlo e da complexidade são provavelmente necessários, uma vez que as propriedades emergentes que poderiam resolver muitos destes problemas não surgem geralmente de forma previsível ou útil durante a filogenia das espécies.


Colofão

O seguinte software de fonte aberta foi utilizado na criação deste documento:

LyX: O LyX é um editor gráfico de látex e foi utilizado para criar o esquema e a versão final em PDF deste documento.

Gimp: O programa Gnu Image Manipulation foi utilizado para criar e editar imagens

Inkscape: O Inkscape é um pacote de gráficos vectoriais que é útil para criar diagramas e outros gráficos

Firefox: O Firefox é um navegador Web que pode ser personalizado com plug-ins para se tornar uma poderosa ferramenta de investigação

Zotero: Zotero é um plug-in para Firefox que transforma o Firefox numa ferramenta universal de literatura e documentos para académicos e investigadores de todos os tipos. Com o plug-in LyZ, os artigos guardados no Zotero podem ser citados diretamente no LyX com um simples clique do rato.

O software utilizado no estudo foi o seguinte:

ImageJ: O ImageJ é utilizado para visualizar, editar e analisar imagens científicas.

^manager: O Micro-Manager é utilizado para controlar microscópios de investigação automatizados. Utiliza uma versão do ImageJ que é fornecida com o software.

O esquema deste documento foi criado com o LyX Port por Nick Mariette a partir de A Classic Thesis Style por Andre Miede

# Índice

Printed by Books on Demand GmbH, Norderstedt / Germany